ちくま新書

ヒトと文明

——狩猟採集民から現代を見る

尾本恵市
Omoto Keiichi

1227

ヒトと文明——狩猟採集民から現代を見る【目次】

はじめに　009
めざましい生物科学の進展／今日の人類学に欠けているもの——学際的な「ヒト学」の必要性／ソロ演奏からオーケストラへ／理系と文系／学際研究から総合研究へ

第一章　人類学との出会い　017
1　昆虫少年からの出発　017
私の原点／落ちこぼれの大学生活／東大人類学教室
2　人類学とは何か　026
日本の人類学／エイプの会／二つの人類学／人類学と遺伝学

第二章　ユニークな動物・ヒト　039
1　人間に関する用語——人間・人類・ヒト　039

「ヒト」がもっとも正確な用語／さまざまな人類呼称
2 ヒトの特徴と進化 043
人類の特徴／ヒトの著しい特徴／性差
3 脳と心 050
脳の機能／言語／歌と踊り／共感する能力、および笑いと涙／価値判断とヒトの文化
4 ヒトの成長と生活史 060
ヒトの赤ん坊／ユニークなヒトの子ども期／おばあさん仮説
第三章 日本人の起源 067
1 さまざまな日本人起源論 067
坪井正五郎とコロポックル説／人種交替説から混血説まで
2 分子人類学の登場 072
ドイツでの留学生活／実験室にて／研究法の進展／アイヌ白人説を否定する／日本人の二重構造説／DNA研究の進展／縄文人と弥生人

第四章　ヒトの地理的多様性　095
1　出アフリカと拡散　095
人類の出アフリカ／ヒトの拡散と大型動物の絶滅／人種とは何か
2　地理的多様性はなぜ生じたか　106
いわゆる人種特徴はいかにして生じたか／ピグミー（ネグリト）問題
第五章　ヒトにとって文明とは何か　119
1　文明の成り立ち　119
文化と文明／文明とヒトの進化／文明の曙？／古代文明と農耕・牧畜の起源／文明の発生は偶然か必然か
2　狩猟採集民と農耕民　134
だれが狩猟採集民か／現代に生きる狩猟採集民／狩猟採集民の特徴／縄文文化と「北太平洋沿岸文化複合」

第六章　現代文明とヒト　157

1　地球史の中のヒトと文明　157
ゴーギャンの問い／自然と人為、および偶然／適応とは何か／進化の四段階説／ヒトの人口増大／自己家畜化現象

2　文明は「もろ刃の剣」　173
「自己家畜」としての現代人／『不都合な真実』／『沈黙の春』／『成長の限界』／『八つの大罪』／『スモール・イズ・ビューティフル』／文明の危機／超火山の噴火／文明の「台風モデル」

第七章　先住民族の人権　195

1　いまなぜ先住民族か　195
先住民族とは何か／「アイヌ新法」と萱野茂氏の想い出／「二風谷ダム」判決／「琉球民族」について

2　狩猟採集民こそ真の先住民族　209
ママヌワ民族との対話／偏見と差別に苦しむ狩猟採集民／鉱山開発とママヌワの人々／ママヌワ宣言／「資源の呪い」

終章　残された問題　227

1　植民地主義――最大の人権問題　227

植民地の歴史／今に生きる植民地主義／格差と暴力／アイヌ民族と先住アメリカ人

2　自己規制する発展は可能か　250

破綻する文明――プライオリティは環境と人権／ヒトの能力――共感と利他主義、そして反省／狩猟採集民に学ぶ――公平、平等、平和、相互扶助／「文化相対主義」への疑問／人類学者の社会的責任

おわりに　277

夢でなかったチョウ研究／生物の多様性と文明／子供の正義感／狩猟採集民への共感／文明の被害を食い止める

参考文献　291

はじめに

†めざましい生物科学の進展

二〇世紀後半からの生物科学の発展には目を見張るものがある。中でも、人類学者である私にとっては、生物の多様性や進化の研究が科学として確立し、その基盤となる自然史への興味が一般の人の間にも広がったことがいちばん喜ばしい。

自然史（博物学）の研究は、今まで大学ではなく博物館が「場」としてふさわしいとされ、梅棹忠夫（国立民族学博物館の元館長）によってやや好意的に「枚挙生物学」と呼ばれ、実験研究を中心とする生命科学とは一線を画されてきた。それが今日では、分子系統学や生物行動学を巻き込む生物学の最先端分野の一つに変貌している。一九九九年に設立された日本進化学会の大会に参加して、大勢の若い研究者の熱心な発表や議論を聞いていると、「進化論は科学ではない」と言われた往年（一九五〇年代）のことが思い出され感無量だった。

一九六〇年代以降、自然人類学（生物学的人類学）のパラダイム転換といえるいくつかの変化があった。次々に発見される化石人類だけでなく現生人（ヒト）の集団遺伝学や、霊長類（サル）の行動学などの研究が格段に進展し、ヒトの進化に関する新たな証拠が明らかにされた。広く信じられてきた「猿人」「原人」「旧人」「新人」という、発展段階説といえる単一系統の人類進化像はもはや成り立たなくなった。また、古典的人種分類は完全に破綻し、ヒトの地理的多様性を示す民族集団（エスニック・グループ）の遺伝的近縁性や、表現型の自然環境への適応の研究にとって代わられた。さらに、新たな先史考古学的発見によって、家畜や栽培植物の起源や「文明」の歴史についても新たな考えが出てきた。

二一世紀に入ると、自然人類学の一分野である分子人類学も個々の遺伝子ＤＮＡだけでなくゲノム（全塩基配列）の科学として、従来は夢にすぎなかったさまざまな進化的現象の理解に向けて新たな出発点に立ち、常識を覆す発見が相次いだ。

例をあげれば、①ゲノムの比較によって、分類学上チンパンジーやゴリラを人類（ヒト科）に含めることが承認された。②化石人類のＤＮＡ抽出と塩基配列の解析技術が発達し、ネアンデルタール人（ホモ・ネアンデルターレンシス）とヒト（ホモ・サピエンス）の間に過去に起きた混血が証明された。③もっとも衝撃的な発見は、シベリアのアルタイ山中にあるデニソワ洞窟からえられた古人骨のゲノム分析によって、ネアンデルタール人とは別の旧人類（デニソワ人）がかつて存在したことが判明した。しかもこの人類のＤＮＡの痕跡がパプア・ニューギニアやオーストラリアなどの現生先住民から発見され、五〜七万年前にアフリカを出てアジア・オセアニアに拡がったヒトの早期移住の過程でデニソワ人との遭遇と混血があった証拠とされた。

†今日の人類学に欠けているもの――学際的な「ヒト学」の必要性

しかし、私には、今日の人類学にまだ不満がある。同じ人類学といいながら、自然人類学と文化人類学がほぼ独立の分野になっていて両者間の会話がほとんどないことは、本来の人類学の総合性からみて如何なものか。遺伝子や身体だけでも、また文化や社会だけでも人間の完全な理解には至らない。

自然人類学は、ダーウィンが想像したヒトとサルの進化的連続性を証明することには成功した。しかし、いまだに化石人類やサル類の研究に重点が置かれ、遺伝子や脳、行動、成長など現代人だからこそ可能な研究は医生物学や心理学などに任されている。また、地球環境、人口、平和、人権など現在ヒトが直面している大問題に対して人類学者はほとんど発言していない。

最近、ヒトとチンパンジーのゲノムの塩基配列が九八パーセントと高い一致度を示すことから、大型類人猿が分類学上の「ヒト科」（ホミニッド）に含められるようになった。これによって、以前から多くの生物学者の間に潜在していた、ヒトを「単なる」サルの一種とみなす傾向が強まっている。極端な議論として、チンパンジーの「人権」を主張する向きさえある。

人類学者が長年主張してきた「文化を持ち、文明を造る動物」としてのヒトは、どこへ行くのか。「ユニークなヒト」という概念は中世ヨーロッパにおける「人間中心主義」の復活と疑われるのか。また、文化や文明は自然科学者が扱う問題ではないのだろうか。

私は、生物学としての人類学および人間に関する諸学との学際的研究を行っている者として、今一度ヒトという動物の特異性と多様性および進化の歴史を検討した上で、「現代文明下のヒト」を対象とする新たな学際的研究としての「ヒト学」の必要性を痛感している。

†ソロ演奏からオーケストラへ

生物学としての人類学の教育・研究にたずさわって五〇年以上になる。ずいぶんと紆余曲折ある学者人生だった。主として三つの画期があったと思う。第一期は二四歳で人類学と出会うまで、第二期は三〇代から六〇歳ごろまで、大学で専門（ディシプリン）の研究に熱中したとき、またその後の第三期は還暦を過ぎてから、京都と大阪で専門を超える学際的（インターディシプリナリー）な研究を行った時期である。

音楽にたとえると、専門研究は、特定の楽器の演奏技術を磨き、リサイタルを行えるようになることである。しかし、ソロでは物足りないなら、異なる楽器をもった何人かが集まって、三重奏や四重奏などを演奏する。これが学際研究にあたる。さらに進んで、さまざまな楽器をたずさえた数十人またはそれ以上の人が集まるオーケストラという表現方法がある。この場合、指揮者のもとに全員が心を一つにして、あるテーマ、たとえば、「第九」を演奏するように共同研究を行う。これが大規模な学際研究に相当する。人類学という学問にとってどの演奏方法が適当か、考えてみたい。

†理系と文系

子どものころ、熱心な昆虫少年だった私は、生物の重要な特徴は「多様性」とそれを生んだ「進化」にあると信じ、東京大学教養学部の理科Ⅱ類に入った。しかし、一九五〇年代初頭の当時、生物研究の最重要課題は「生命」の基本法則の解明であるとされ、多様性などは趣味の問題であり、また進化も「証明できない」ので科学ではないと言われていた。あまり本意ではなかった医学部への受験に失敗し、理系の学部専門課程では適当な居場所を見つけることができず、いっそ語学や文系の世界も経験しておこうと思い、文学部の独文学科に進んだ。両親が昭和の初期にベルリンに住んだことがあり、非常なドイツ贔屓であったことにも影響された。

だがあるとき、全く偶然の機会から理学部人類学教室の鈴木尚《ひさし》教授に出会ったことが、その後の私の人生を決定づける結果になった。この出会いがなかったら、私は全く別の人生を歩んだに違いない。鈴木先生の助言を受けて、私は文学部を卒業してから理学部に入学し直し、自然科学に基づく人類学を学ぶことによって、念願であった生物の多様性と進化の研究への道が開かれた。

東京大学理学部人類学教室の伝統であるこの学問には、博物学に由来する長い歴史があり、その点でも昆虫少年だった私には親しみがもてた。それだけではなく、人類学はヒトという「文化を持ち、文明を造る」特殊な動物に関する多様な専門分野をかかえていて、今後大いに発展する可能性を秘めていると思えたのである（本書第一章、第二章）。

大学院博士課程のとき念願だったドイツ留学を果たし、一九六〇年代から急速に発達した遺伝学の技術を用いる分子人類学という専門分野をえらんだ。帰国後は日本列島やアジア・太平洋の先住民族の起源を研究し、それなりの成果をえた（第三章、第四章）。

†学際研究から総合研究へ

しかし、六〇歳で大学の定年を迎えて、京都の国際日本文化研究センター（日文研）に研究の場を移したことで、私は人類学に対する考え方をさらに一歩進めることができた。日文研は、わが国の大学で講座制に代表された専門研究・教育のタテ社会的閉鎖性に対抗する目的で、梅原猛先生らの努力によって一九八七年に設立された文部省（当時）の大学共同研究機関である。

型破りの哲学者である梅原所長のもと、理系・文系を問わず専門の異なる内外の学者が集い、ユニークかつ活発な学際的研究が行われていた。

ここで私は、それまでの自然科学一本の研究法を捨てて人文・社会科学の研究者も含めた学際研究を行うこととした。京都にいた五年間に実施した「日本人および日本文化の起源」という研究プロジェクトでは、人類学だけでなく地質・地理学、先史・考古学や民族学のほか、文化・社会科学をも含む幅広い分野間の研究交流が行われ、まさにオーケストラと言ってよいものだった（第四章、第五章）。

日文研を定年退職後、またもや思いがけず、大阪の桃山学院大学文学部（当時）で人類学の応用としての「先住民族の人権」というテーマで研究・教育を行うことができた。これには、同大元学長で比較民俗学者の沖浦和光教授の温かい配慮があった。ここで私は、あらためて「先住民族とは何か」「人権とは何か」という問題に向き合うことになる（第五章、第六章）。

古今東西、ヒトのユニークな点は何かについて多くの意見が出されているが、私は直観的に個体発生（成長・発育）の特異性がきわめて重要であると考えていた。七〇歳で桃山学院大を退職した私は、高畑尚之学長（当時）のご厚意によって、総合研究大学院大学（総研大）のシニア研究員という資格で、神奈川県葉山のキャンパスで「ヒトの個体発生の特異性に関する総合的研究」を実施した。そこでは、ネオテニー（幼形成熟）という現象について海外の専門家を招いて学際的討論を行ったが、残念ながら体調を崩したため完成させることができなかった。
本書は、高校生や文系の読者にも自然人類学という学問を知ってもらおうと、学術的ではあるが平易な解説書を目指した。私の個人的な研究史に立ち入った部分もあり、教科書というよりは随筆に近いが、わが国の人類学の歴史および発展を紹介するために必要と考えた。

尾本恵市

二〇一六年秋

第一章

人類学との出会い

1　昆虫少年からの出発

†私の原点

子どものころ、私は熱心な昆虫少年で、蝶の採集に明け暮れていた。一九四〇年ごろには、東京品川区にあったわが家の庭でも二〇種近い蝶がみられた。中でも、小学生のとき東京初記録と思われるキベリタテハという山地性の蝶を採ったのが自慢だった。この標本は、博物館で保管されるべき貴重なものだったが、残念なことに戦争中の混乱によって失われてしまった。

そもそも、生き物に興味をもったのは父親のおかげである。父（義一）は電気工学が専門の学者だったが、文学や音楽などにも趣味の多い人だった。物心ついた頃、父は小さな顕微鏡を買ってきて、下水からとった水の一滴を見せてくれた。そこにはゾウリムシなどさまざまな形の微小な生物がうようよといて、私は息をのんだ。生物の多様性の不思議さが強烈にインプットされたのはこの時である。また、幼い私は、父に買ってもらった動物、植物、鉱物、宇宙などの図鑑類を絵本代わりに見ては楽しんでいた。

父は昆虫の趣味はないのに、週末になると、小学校に入ったばかりの私を奥多摩などへハイキングに連れて行き、昆虫採集を教えてくれた。将棋を教わったのも父からだったが、これはすぐに私が勝つようになった。また父はSPレコードを集めていて、とくにバイオリンのフリッツ・クライスラーがお気に入りだった。昭和の初めにベルリンに留学した父は、日本人にとって良き時代のドイツについてあれこれと語ってくれた。

私に科学への窓を開けてくれたのは父だったが、情操面では母（淑子）から大きな影響を受けた。母の実家には後に医者、小説家、画家などになる驚くほど多彩な兄弟姉妹がいて、そこでの話題は私にとって大変な刺激だった。母の趣味はピアノと俳句で、私も小学校のころからピアノを習うようになった。現在でも私の趣味である蝶の蒐集、将棋、それに音楽鑑賞は、こうして原点といえる幼少年期に始まった。

小学校から高校まで一貫して通った「附属（フゾク）」（元東京高等師範附属、後に東京教育大附属、現在の筑波大附属）という学校が私の第二の原点である。ここでは、先生と生徒の関係が非常によく、「いじめ」の類はまれだった。リベラルな学風で、出世より豊かな人間性を志向させる教育だった。いわゆる「がり勉」は軽蔑され、勉強より趣味や人間性のほうが高く評価され、一風変わった人物はかえって尊敬される傾向があった。

高校の頃、私はダーウィンの進化論にあこがれ、大学に入ったら蝶の進化を研究しようと思った。なぜ蝶にひかれたのかといえば、個体、雌雄、地域、季節などに応ずる著しい変異を美しいと実感したからである。もしかしたら、生物の一番の特徴は「多様性」ではないか、だとすればその謎を解き明かす必要があると考えた。

しかし大学では、私の夢は見事にうち砕かれてしまう。東大教養学部の理科Ⅱ類に入学したが、先生や先輩たちから生物研究の中心課題は「生命」の基本法則の追究だといわれた。私が興味をもっていた多様性を研究する「博物学」（自然史）は趣味とされ、ある高名な分子生物学者は、「進化論は実証できないので科学ではない」と発言されていた。

高校時代とは大違いで、大学の教養学部では人間は成績だけで評価され、先生との個人的な接触もほとんどなかった。私はその雰囲気に違和感を覚え、授業では必須科目よりもむしろ哲学や社会思想史などの選択科目や語学を熱心に聴講した。当然、成績は不良でみじめな想いをしたが、相変わらず蝶の採集とピアノの練習には熱中していた。

そんなわけで、競争の激しい理学部の学科に進むには点数が足りない。実は、どうしたことか、当時の私は人類学という学問に考えが及ばなかった。いっそ医学部で寄生虫の研究でもするかと考え、にわか仕込みで受験することになった。理由は、趣味の縁で著名な医動物学・昆虫学者の佐々学《さつさまなぶ》先生や加納六郎先生と親しくなっていたからである。後日、加納先生が沖縄(石垣島)で採集した蝶の分類に関する論文を書き、ヒメウラナミシジミという蝶を「カノーイ」と命名し新亜種として記載した。なお、産地が「オモト岳」というのに、不思議な縁を感じた。

閑話休題。さて医学部受験の試験当日、問題を見て驚いたが、周りの受験生にも明らかな狼狽が見られた。第一問が、なんと「シラミの絵を描け」というのである。今ならこれは「難問奇問」の典型といわれて文科省からお叱りを受けるに違いない。しかし、一九五四年当時、受験勉強では解けない問題が出題されることがままあった。医者に生物の基本的知識が欠けているとよく言われるが、シラミの設問はその点を突くすぐれた問題ではなかったか。趣味のおかげで、私はシラミの絵は描けたが、他の問題が解けず、医学部入学の願いは泡と消えた。

当時、私のように「医学部くずれ」の学生に人気があったのは、文学部の独文学科であった。

やはり、医学とドイツ語は関係が深いと信じられていたのであろう。もともと理系の私が文学部の世話になるとは考えてもみなかったが、他に選択肢が見つからなかったので、私も独文に入った。ドイツ好きの両親から話を聞いていたので、ドイツ語を学んでおけばいずれ役に立つだろうと考えた。

ドイツ文学の講義にはあまり興味をひかれなかったが、ロベルト・シンチンゲル先生のリルケやヘルダーリンの詩の朗読など、生まれて初めての美しいドイツ語に聞き惚れたものである。しかし、あくまでドイツ語やドイツ文学を天職にする気はなく、今まで以上に趣味に熱中していた。学外ではジャン・ギャバンのフランス映画で時間をつぶし、将棋や麻雀にも熱中するなど遊びも覚え、まるで「テンプラ学生」のようだった。

当時、文学部と理学部の間に交換授業という制度があった。ある日、理学部人類学教室の鈴木尚教授が「人類の進化」について講義されると聞き聴講した。鈴木先生は人骨研究の権威で、教壇上に「猿人」「原人」「旧人」などの化石人類の石膏模型を並べて、これらが現代人の「新人」に一直線に進化した証拠であると講義された。それはそれで興味を覚えたが、私は蝶の観察でえていた知識からある疑問を感じた。色や形といった生物の「表現型」は、環境その他の条件によっても変化する。

たとえば、カバシタアゲハは、アゲハチョウ科なのにマダラチョウ科のアサギマダラに外観

図1　カバシタアゲハ（上）、アゲハ（左下）、アサギマダラ（右下）

上そっくりである（図1）。これは、擬態（ミミクリー）という現象で、有毒のマダラチョウに似ることで天敵の鳥から逃れることができる。このように、色や形が似ているだけでは種類や系統を判別できない例は昆虫には非常に多い。人類の場合は違うのだろうか。表現型は、成長や適応などの研究には重要だが、進化や系統の研究には適さないのではないか。

講義の終わりに、先生は「質問は？」と聞かれたが、誰も応じない。文学部の学生にとってはなじみの薄い授業だったのだろう。そこで、私は後ろの方からおずおずと手を挙げて、上述の疑問について質問をした。すると先生は、一瞬驚いた顔をされたが、「古人骨の多様性を解剖学的に詳しく調べ、年代も決定すれば、時代的に一定の方向に進化したことがわかる。環境の影響だけによる変化とは考えられない」と答えられた。

授業が終わると、意外なことに先生は私をよび、「君は文学部にしては変わった学生だね」といわれた。私が、生物の多様性や進化の研究をしたいが、居場所が見つからないと話すと、先生は「なんなら、人類学をやってみてはどうかね」とおっしゃる。初対面の上に、失礼な質問をした私を不快に感ずるどころか、認めてくださったように思い、うれしかった。その一言がきっかけで、私は文学部を卒業して理学部生物学科の人類学課程に入学することができた。もし鈴木先生との出会いがなかったら、今日の私はない。誠に「縁は異なもの」である。

それまでの私は、うかつにも人類学について何も知らなかったが、博物学に近く、進化を研究すると聞いてわが意をえたと思った。蝶についてやりたかった生物の多様性や進化の研究ができるではないか。それからは、「蝶と人類はどこが同じで、どこが違うか?」「人類の多様性はなぜ生じたのか?」「日本人の起源は?」などの疑問が次々にわき、充実した勉強をすることができた。やっと居場所が見つかったと、もう迷いはなかった。

†東大人類学教室

私が入学したころ、理学部の人類学教室は一講座（教授一名）で学生定員四名という小所帯であった。スタッフは鈴木尚教授（骨人類学）と須田昭義助教授（生体学）のほか、山内清男《やまのうちすがお》講師（先史考古学）がおられ、また助手として渡辺直経（年代測定学）、渡辺仁（人類生態学）および近藤四郎（生理人類学）の三名がおられた。学生定員四名の小さな教室に、このように専門の異なる研究者がいることは異例であろう。しかし、それは、人類学がカバーする領域が広範なのに対して、当時わが国で一つしかない大学講座であることに対応するためであった。

授業内容も多岐に亘り、必修科目の解剖学、人体生理学、人体生化学は実習も含め医学部の学生と一緒に受けた。初めて遺体にメスを入れた解剖学実習の経験は、人間の生命を考える上でまたとない機会となった。人類学の授業でまず読まされたのは、ドイツの解剖学・人類学者ルドルフ・マルティンの古典的な「レールブーフ」（教科書）であった。これには「人類学は、時間的・空間的に見た人類の自然史である」と定義されていた。ここで人類とは、分類学上「ヒト科」（ホミニデー）の動物であると教えられた。

よく記憶に残っているのは、外部から選択科目の講義に来てくださっていた二人の高名な先生の授業である。一人は医学部脳研究所の時実利彦先生（のちに京都大学霊長類研究所所長）で、人間の脳について非常にわかり易く話された。我々学生は四人しかいないので、欠席者がでるとまるで家庭教師に教わっているようである。実に贅沢な授業であった。今一人は、数理統計学の権威の増山元三郎先生で、こちらは黒板いっぱいに数式を書かれ、その速さについてゆくのがやっとだった。統計というものは、ただ多数例を調べればよいものではなく、少数例でも立派に役に立つことを学んだ。

驚いたことに、一〇年も前の昭和一八年（一九四三）に定年退官された長谷部言人《ことんど》名誉教授も毎日のように教室に来ては、ときおり学生を集めてカリキュラムにはない講義をされた。長谷部（一八八二〜一九六九）は、東京帝国大学医学部卒業、東北帝国大学医学部解剖学の教授を経て、晩年であったにもかかわらず昭和一三年（一九三八）に東大理学部人類学科の教授として招かれた。この人事を決めたのは、当時の東大総長の長与又郎である。長谷部は、後述のように明治時代に活躍した坪井正五郎の死後、活動が低下していた人類学を活性化させた功労者で、狭義の人類学（自然人類学）の信奉者として絶大な権力を振るっていた。

学生との接触が一番大きかったのは、前述の三名の助手であったが、みな、長谷部が東大で育てた弟子で、良くも悪くも「長谷部人類学」の標榜者だった。中でも渡辺直経（二人の渡辺がいたので、「直径さん」と呼ばれていた）は、たまたま、フゾクの先輩でもあったため、特に親近感を覚えた。聞くところによれば貴族の末裔で、蝶ネクタイの背広姿で遺跡の発掘をするなど非常におしゃれな一方、たいへんな「呑兵衛」だった。しばしば、我々学生を引き連れて飲み屋に行き、授業では教わらない話を聞かされた。

そこでは、もっぱら学問論が酒の肴になったが、直径さんは自身の専門（年代測定学）ではなく、「人類学とは何か」という話題に我々を巻き込んだ。口癖のように、「君たちは将来日本の人類学をしょって立つのだから、新しい研究分野を開拓すべきである。いわば、鉄道のレールを敷くように」といわれた。余談だが、直径さんは奥様と共に阿川弘之の小説『春の城』（新潮文庫、一九五五）のモデルである。今思い出しても懐かしい人だったが、今ではこのような先生は少なくなった。

2　人類学とは何か

†日本の人類学

現在、わが国では、人類学といえば文化人類学のことと思っている人が多いが、それは正しくない。人類学（アンソロポロジー）は、ギリシャ語で人間を意味するアントロポスとロゴス（学問）からなる用語で、「人間の科学」のことである。歴史的には一六世紀初頭のヨーロッパで人体解剖学から生まれた。その究極目的は、「人間とは何か」という問いに答えることである。あらゆる学問は、直接的または間接的に人間の解明をめざすが、人類学の特徴は、人間が「文化をもつ動物」であるとの基本的理解にある。

狭義の人類学の一つは、生物学としての人類学（自然人類学）で、サルの一種である「人類」が進化の結果いかにして現代人「ヒト」に到達し、その特異性や多様性を生んだかを研究する。また、「文化」や「社会」の多様性から何がわかるかが研究主題であるのが民族学、または英米文化圏でそれが発展したのが文化人類学である。そのため、人類学は自然科学と人文・社会科学の両者にかかわる総合学の性格をもつ。さらに、人類学は、「自分自身」を客観的な研究の対象にする点で特殊である。

明治二六年（一八九三）、理科大学（東京大学理学部の前身）にわが国初の人類学の講座が設けられた。初代の教授は坪井正五郎（一八六三〜一九一三）である（図2）。日本の人類学はアメリカの動物学者・考古学者エドワード・シルヴェスター・モースが大森貝塚を発掘したときに始まったといわれることがある。また、エルヴィン・フォン・ベルツやフィリップ・フランツ・フォン・ジーボルトという二人のドイツ人医師・博物学者の影響が大きかったのも事実である。しかし、日本の人類学を外国からの直輸入の産物と考えるのは正しくない。

周知の通り、明治時代に西欧化という国家の大方針のもと、自然科学の分野で広く西欧の学

図2　坪井正五郎の肖像（人類学雑誌28巻11号「追悼号」より。第一書房、1913年）

問が導入された。ヨーロッパで人体解剖学から出発した人類学も、そのような外来の自然科学のひとつであった。日本の自然人類学の歴史上指導的役割を果たした小金井良精《よしきよ》、長谷部言人、清野謙次、足立文太郎、鈴木尚、金関丈夫《かなせきたけお》などは、みな医学部解剖学教室の出身者である。彼らの多くは若いころにドイツに留学して、方法論として身体の形態学とくに人骨や生体の計測、統計などを主な研究としていた。

しかし、日本の人類学の父といってよい坪井正五郎が、博物学の素養をもつ理学部出身者で、人類学の総合的性格をよくわきまえていたことは一般にはあまり知られていない。彼は、江戸時代の本草学や弄石《ろうせき》趣味の系列の素養をもち、人類に関する自然と人文の両面に好奇心を示した点で、むしろ、南方熊楠（一八六七〜一九四一）と似ていた。

明治一七年（一八八四）、理科大学の学生だった二一歳の坪井は、同志一〇人とともに「じんるいがくのとも」という団体を立ちあげた。これが、日本初の人類学の組織的活動で、数年後には、現在の日本人類学会の前身である東京人類学会に発展する。なお、世界最古の人類学会は、ダーウィンの『種の起源』の出版と同年の一八五九年にパリで創設された人類学協会で、数年後にはロンドン人類学協会が設立されている。それらよりわずか二〇数年後に、日本という極東の一角に人類学会が設立されたのは驚くべきことである。アメリカの人類学協会（トリプルA）には、ほぼ二〇年先行している。

坪井によれば、東京人類学会の目的は、「人類の解剖、生理、発育、遺伝、変遷、開花等を研究して人類に関する自然の理を明らかにすること」であった。なお、理科大学に人類学講座が設立された明治二六年は、日清戦争がはじまる前年で、日本は富国強兵の時代であった。このため、日本の人類学と植民地主義との関連を疑う向きもあるが、坪井らの活動を見る限りそれには賛成できない。

東京大学は、明治一〇年（一八七七）に東京開成学校と東京医学校とが合併されて創設されたが、明治一九年（一八八六）には法・医・工・文・理の五分科大学をもつ帝国大学に改組された（昭和二二年に東京大学という名称に戻る）。坪井は、その年に理科大学を卒業、大学院に進み人類学を専攻し明治二一年（一八八八）に助手となる。二二年から三年間、文部省の命でイギリスへ留学。二五年に帰国すると、理科大学教授として人類学教室を主宰した。

坪井は、弱冠二一歳で人類学会を創設し、二九歳で理科大学教授、三三歳で人類学会会長と、文字通り日本の人類学創設期の中心人物だった。しかし彼は、大正二年（一九一三）ロシアのペテルスブルクで万国学士院連合大会に出席中に急病のため、五〇歳の若さで死去してしまう。

彼は、古今東西、文・理を問わず人間をとりまくあらゆる事物に好奇心を示し、「総合人間学」としての人類学の指導者としてふさわしい人物だった。著書『看板考』は、日本の商業史の重要な文献である。イギリスへ留学する前からエドワード・タイラー（一八三二〜一九一七）の『人類学』を愛読していたという。タイラーは、英国の人類学者で「文化」を定義したことで知られる。このことから、彼の人類学のイメージの中に「文化」が重要な位置を占めていたことが推測される。同時代の小金井良精（医学部解剖学教授）とは対極をなしていた。

彼はまた、ユーモア精神に富み、冗談をいっては周囲を笑わせたという。三越百貨店に新しい玩具のアイデアを提供するなど、起業家としての資格も充分にあった。明治二〇年ころの東京は、本郷から徒歩で行ける近場を少し歩けば、土器や石器などの遺物がいくらでも見つかった。坪井は、毎週のように週末に研究仲間と連れ立って、散策がてら遺跡探しに出かけたが、こうもり傘で地面をつついて土器の破片を見つけていたらしい。遺跡発掘のとき詠んだ次の狂歌などは、彼の諧謔趣味を示す好例である（寺田和夫）。

「遺跡にてよき物獲んとあせるとき、
心は石器、胸は土器々々」

†エイプの会

大正二年（一九一三）五月の坪井正五郎の急死は、日本の人類学にとって大きな損失だった。指揮者を失った人類学の求心力は弱まり、博物学的総合性や学際的精神は失われていった。これに拍車をかけたのが、学問の細分化傾向である。一九世紀末から二〇世紀にかけて、多くの学問で専門分野としての「ディシプリン」、つまり理論や方法論を明確に規定する傾向が強くなる。細分化の波に乗って、人類学会の会員で民族学、言語学、考古学を専門とする人々が、それぞれ独自の学会を作って離れていった。

ちなみに、明治二九年（一八九六）に考古学会、明治三一年（一八九八）に言語学会および社会学会が設立された。大正二年（一九一三）には、柳田國男・高木敏雄が『郷土研究』を創刊し日本の民俗学がスタートする。なお、日本民族学会はおくれて昭和九年（一九三四）に設立された（現在は日本文化人類学会と改称されている）。

大正から昭和にかけて、自然人類学の中に「人体計測学」という専門分野が急速に発展し、人類学の学会誌が計測値の表で埋め尽くされるようになった。人類学者の中で、民族学や考古学、言語学などに幅広い興味をもつ人たちの中から、このような狭い専門分野が主流になることへの反発の動きが出たのは当然である。昭和一一年（一九三六）、江上波夫、岡正雄、八幡一郎、須田昭義、山内清男、古野清人、小山栄三、横尾安夫、赤堀英三ら当時の若手人類学者一〇名が「エイプの会」を立ち上げた。

会の名は、人類学（アンソロポロジー）、先史学（プレヒストリー）、民族学（エスノロジー）の頭文字を組み合わせたもので、むろん英語のエイプはチンパンジー、ゴリラ、オランウータンの大型類人猿を意味する。会員の多くが若手研究者で、まだ一人前ではないことを類人猿にたとえた。つまり、ほぼ人類の形態を具えながら直立歩行をしえない点が共通だという、ユーモアのある絶妙なネーミングであった。しかし、この会は設立してまもなく、立ち消えになってしまう。その背景には、長谷部言人の反対があったともいわれる（寺田和夫）。

†二つの人類学

私が在学した一九五〇年代末、人類学教室は理学部に、考古学教室と民族学教室は文学部に、また一九五四年に創設されてまだ間もない文化人類学教室は教養学部教養学科（当時）におかれていた。文化人類学は、石田英一郎教授、泉靖一助教授、曽野寿彦講師、寺田和夫助手（のちに教授）らがスタッフで、学生はアメリカの総合人類学の教科書、たとえばアルフレッド・クローバーの『アンソロポロジー』を読んでいた。なお、当時、文化人類学の大学院生は、生物系研究科に属し、われわれ自然人類学の大学院生と共通のカリキュラムのもとで教育を受けていた。文化人類学者の川田順造氏や原ひろ子氏とは、当時机を並べた仲である。

石田英一郎（一九〇三～一九六八）は、京都大学経済学部卒、昭和初期に共産党員として治安維持法違反によって逮捕されるなど波乱万丈の青年期をへた後、岡正雄や柳田國男と出会ったことから文化人類学への道を志した。ウィーン大学に留学して民族学の研究を開始し、総合人類学を目指す。昭和二九年（一九五四）に、当時の矢内原忠雄総長に招かれて、東京大学に文化人類学の専門教育課程を立ちあげた。

昭和三二年（一九五七）一〇月、福岡で開かれた日本人類学会・日本民族学協会連合大会で、石田は「人類学とヒューマニズム」と題する講演を行ったが、出席していた長谷部から激しい口調で批判を受けた。それは、講演内容そのものというより、人類学の用語を最広義に用いることへの批判であった。石田は、翌年出版した教科書『人類学概説』の序文で、このことに触れている。筋金入りの論客である両者は、最後まで妥協することなく、わが国における二つの人類学の歴史を決定付ける結果となった。

石田は、上述の教科書で、狭義と広義の人類学について次のように解説している。「人間はその生物学的進化の過程で、特定の身体的条件を獲得することにより、他の動物には見られないほど発達した生活様式（文化）を造り出し、逆に文化を発展させることによって、現生人類に見る身体的形質を備えるに至った。生物界で、人間という不思議な二本足の動物だけは、文化を離れては生存しえないし、また文化によらずにこれを理解することもできない」。

「人類学の歴史上、二つの考え方があった。一つは、人類学とは文化によって今日の形質をもつに至った人間の身体や性格を研究する自然科学であり、文化そのものは直接の対象ではない。人類学の語を狭義に用いる立場で、ドイツを中心に、ヨーロッパの学界で慣用されてきたが、歴史的に見れば、肉体と精神という古来の二元論が、人間と文化という二つの対象への近代諸科学の専門分業の動向と結合したものと考えられる」。

「これに対して、一方に次のような考え方がある。もし人類学が文化をもつ特異な生物である人間を対象とする科学で、人間とは何かという疑問に答えるのがその目的だとするなら、人類学の求める人間の全体像において、文化の占める比重は決定的に大きい。ドイツなどでは人類学が自然科学的に専門化してきたのに対し、人類学の語を今日まで広義に用いてきた英語国民の間では、人類文化の全体的把握の学（文化人類学）が、むしろ人類学の核心を占める感がある。「人間とは何か？」という疑問を追究する学問欲求が、近年ますます、人間の形質と文化とを一つの全体像にまとめて理解しようとする試みは、世界的な現象となっている」。

一九六五年に東大大学院の制度改革が実施され、人類学は理学系研究科に、文化人類学は人文社会科学（総合文化科学）研究系に所属を分離され、それまでの総合人類学的な教育は終わりを告げた。大学外でも、昭和一一年（一九三六）以来日本人類学会と日本民族学会が毎年共同で開催していた「連合大会」が、平成八年（一九九六）の第五〇回をもって終わった。現在では、二つの人類学会（日本人類学会と日本文化人類学会）は互いにほとんど没交渉になっていて、唯一の連絡組織は、国際人類民族科学会議（ＩＵＡＥＳ・通称ユニオン）への対応のために日本学術会議に設置された、人類学・民族学研究連絡委員会である。

†人類学と遺伝学

私が人類学の勉強を始めたのは、ワトソンとクリックによるＤＮＡの分子構造解明がなされた一九五〇年代前半で、それまでメンデルの遺伝法則しか知らなかったわれわれ学生にとっても、遺伝学の重要性がにわかに身近なものとなっていた。遺伝子についての研究が進めば、ダーウィンの進化論に対する疑問も解消され、生物分類学から系統進化学への道が開かれるのではないかと思われた。

しかし、人類学課程では、須田助教授の若干のセミナーを除けば遺伝学関係の授業がなかった。どうしたことかと思い、あるとき、思い切って長谷部名誉教授に「なぜ人類学に遺伝学を入れないのですか」と聞いたところ、こっぴどく叱られてしまった。先生によれば、人類学は人類の進化（変化）を研究する学問なのに、遺伝学は遺伝子という「変化しない」ものを研究するので、両者は相容れないという。おかしな理屈だが、長谷部の進化論は獲得形質の遺伝を信奉するラマルキズムに近かった。

当時の人類学では、古典的人種分類がまだまかり通っていた。あるとき、エゴン・フォン・アイックシュテットの人種学の教科書を読んでいて驚いた。アイヌ人に関する章を見たときである。なんと、ロシアの文豪レフ・トルストイの写真が出ていて、これが古い「白人」の系統だが、アイヌ人も同系と書いてある。根拠は彫りの深い顔立ちや男性の豊富なひげなどの特徴である。著者によれば、アイヌ人はかつてシベリアに住んでいた古いコーカサス系だが、モンゴリア系集団に追われて日本に逃げ込んだという。これから、「アイヌ白人説」が広く信じられるようになっていた。

一方、アイヌ人が南アジアやオセアニアに由来するとの説もあった。さらに、明治、大正、昭和の三時代に活躍した解剖学・人類学者の小金井良精はアイヌ人を「人種孤島」（ラッセンインゼル）と呼び、いかなる人種とも異なるとの説を唱えた。これらの諸説の影響下で、日本の人類学の主要テーマ「日本人起源論」の中で、不思議なことにアイヌ人は中心的な役割をはたしていなかった。私は、外観的特徴による人種分類を科学以前の遺物と考え、いつか自分で遺伝子データを用いてアイヌ人の起源を解明すると心に決めた。

大学院に進んだ一九六〇年頃、ＤＮＡそのものを一般の実験室で扱うことはまだできず、人類学教室には遺伝学や生化学の実験施設もなかった。そこで、修士課程では、とりあえず研究対象として皮膚色を選んだ。それまでの人類学では、皮膚色をさまざまな色の表と肉眼的に比べて判定していたが、私は工学分野で使われる反射率計を使って双生児および日米混血児の集団で皮膚色を測定し、遺伝決定度などを計算して論文とした。

皮膚色は多くの遺伝子が関与する「ポリジーン形質」である。遺伝性はかなり強いが、個々の遺伝子は特定できず、「日焼け」のように環境の影響も受けやすい。集団の比較に用いるには、やはりもっと明瞭に遺伝子を識別できる「遺伝マーカー」が欲しいと考えていた。いわゆる血液型は、伝統的に医学部の法医学教室で研究されていた。

修士課程を終えるころ、ドイツ政府の交換留学生制度（ＤＡＡＤ）の試験を受けることにした。ドイツ人の審査員による口頭試問で留学の目的を聞かれたが、私が人類学を研究したいというと、では「もし雪男が実在したら、何がわかるか」と質問された。私は、雪男が存在する可能性について述べ、「もし雪男が二足直立歩行をしていたら、言語の存在が人類であることの決め手となる」と答えた。審査員たちはこれに満足したようで、更なる質問はなかった。こうして、一九六一年春、私は当時の西ドイツのミュンヘン大学に留学することができた。

第二章　ユニークな動物・ヒト

1　人間に関する用語——人間・人類・ヒト

†「ヒト」がもっとも正確な用語

人間・人・人類・ヒトと主に四種類の用語があるが、その内容について人類学者の間でも完全に統一されているとは言い難い。本書では、人類学の基本的用法をもとに、次のように区別して用いることとする。

まず、もっとも広く用いられている「人間」(ヒューマン)は、文化的・社会的存在としてのわれわれヒトを指す用語である。人間性(ヒューマニティ)や人本主義(ヒューマニズム)とい

動物界（アニマリア）
　脊椎動物門（コルダータ）
　　哺乳類（マンマリア）
　　　霊長類（サル）（プリマーテス）
　　　　ヒト科（ホミニデー）
　　　　　ヒト亜科（ホミニネー）
　　　　　　ヒト属（ホモ）
　　　　　　　ヒト（ホモ・サピエンス）

表1　分類学上のヒトの位置

う概念のもとになる。なお、一般的に広く使われている「人」は、学問的用語ではなく、個人（あの人）または集団（日本人など）に対して用いられる。

「ヒト」は、現代人が属する動物種「ホモ・サピエンス」（ラテン語の学名）の和名で、現生人類（モダン・ヒューマンズ）とも呼ばれる。一方「人類」（ホミニッド）は、ヒトとその先祖および近縁の系統を総称する用語で、分類学上、サル（霊長）類（プリマーテス）の中の「ヒト科」（ホミニデー）の動物を意味する。しかし最近、人類学の基本ともいえるこの用語が、従来とは異なる意味で用いられるため、混乱が生じている。

最近の出版物をみると、人類の英語名をホミニッドではなくホミニンとする著者が多くなったが、これは、近年になってチンパンジーなどの大型類人猿を分類学上ヒト科に含めるようになったためである。ホミニンは、ヒト科の中で大型類人猿（ポンギネー亜科）を除くヒト亜科（ホミニネー）に対応する（表1）。ジェレミー・テイラー同様に、私はチンパンジーを人類と呼ぶことには消極的なので、本書では人類という用語をホミニンの意味で使っている。

結局、人間に関するさまざまな概念の中で、議論の余地がなく確定的に使用できるのは、種名「ヒト」だけのようだ。世界中に広がって七二億人に増えたヒトは、顔かたちが違っても、共通のDNAによって同一種であることが証明される。すでに述べたように、私は「ヒト学」という呼び方を提唱しているが、それにはこのような背景がある（川田順造編）。

なお、ヒトの進化を説明する際、しばしば「猿人」「原人」「旧人」「新人」という用語が使われる。これは、人類という一つの系統が段階的に進化してきたとの考えを示すもので、経済学等で用いられる「発展段階説」の人類版であった。今日では、人類の単一系統説は否定されるが、これらの用語は人類のさまざまな系統を大雑把に整理して理解する上で便利である。本書では「いわゆる……」の意味で用いている。

†さまざまな人類呼称

古今東西、人間のユニークさを一言で象徴的にあらわす試みがある。アリストテレスは、人間を「政治的動物」や「笑う動物」と規定したという。カール・フォン・リンネ（一七〇七〜一七七八）はヒトをホモ・サピエンス（知恵ある人）と命名したが、これは植物や動物の分類体系の中で付けられた学名であって、「人間とは何か？」という疑問に対する答えではない。

そもそも、リンネはキリスト教の「特殊創造説」を信じていたので、そのような疑問とは無縁であった。ちなみに彼は、ホモ・トログロディーテス（洞窟人）やホモ・モンストローズス（異形人）など想像上の人類種も記載している。

フランスの哲学者アンリ・ベルクソン（一八五九〜一九四一）は、ヒトをホモ・ファーベル（工作人）と呼んだ。物を造り自己を形成する創造活動こそが人間の真の姿であるとの説である。しかし、今日では、ヒト以外の動物でも「道具」を使用する多くの例が知られている。たとえば、鳥やサルが小枝を使って木の中にいる昆虫の幼虫を取り出す、あるいは石で硬い木の実を割るなどの事例が報告されている。野生チンパンジーでは、「蟻釣り」のために小枝を適当な形に成形する事実がある（西田利貞）。道具の製作・使用がはたして人類に特異的な行動かどうか、議論の分かれるところであろう。

オランダの歴史家ヨハン・ホイジンガ（一八七二〜一九四五）は、ホモ・サピエンスもホモ・ファーベルも人間の本質を表さないと、ホモ・ルーデンス（遊戯人）という概念を提唱した。彼は、古今東西の哲学、文学から文化人類学、さらに現代思想史をも視野にいれて「遊び」という文化的現象のさまざまな側面を分析した。

遊びは動物にも見られるが、人間の本性は遊ぶという行動によって説明できるという。人間の文化には、「真面目」に対する「遊び」という二つの基本的な要素があり、これらは子どもの時期から存在し、成長・発育とともに培われてゆく。私は、身体的にも精神的にも幼少期の延長がヒトを造ったとする「ネオテニー説」を重視している（尾本恵市）。子どもの行為の中で「遊び」は人間形成にとりきわめて重要な要素で、大人の行動にも部分的に引き継がれる。この点に着目したホイジンガの慧眼を高く評価したい。

このほかにもさまざまな人類呼称が提唱されている。日本人では、川田順造がホモ・ポルターンス（運ぶヒト）を提唱している。むろん、物を運ぶ動物にはアリをはじめ多種類ある。しかし、ヒトは二足で歩き、空いた手で赤ん坊や道具類などの荷物を運びつつ、アフリカを出て世界中に拡がった（第四章）。まさに「運び屋」と呼んでよい動物である。私も、一つの名称を思いついているので後述する（第六章）。

2　ヒトの特徴と進化

†人類の特徴

ヒトの特徴には、サル類としての特徴および人類としての特徴という下部構造がある。サル類には大別して尾のあるサル（モンキー）と無尾のエイプとがある。前者には原猿類（ニセザル）と真猿類（旧世界猿と新世界猿）があり、後者には小型類人猿（テナガザル類）および大型類人猿（オランウータン、ゴリラ、ボノボ、チンパンジー）が含まれる。一概にヒトとサルという対比は不正確で、大型類人猿はその他のサルに比べてはるかにヒトに近縁である。

大型類人猿と比べて、ヒトには次のような身体的特徴が認められる。

①直立二足歩行、②縮小した咀嚼器官、③大きな脳、④貧毛その他。

このうち、①と②は数百万年前の化石人類（猿人）にも見られるので、「人類」（ホミニン）の古い特徴ではあるが「ヒト」（ホモ・サピエンス）の特異性とはいえない。

③については、脳容量が「猿人」の約三五〇ccからヒトの約一五〇〇ccに増大するまでにほぼ四〇〇万年かかっている。従来、この変化を「漸進説」、つまり時代と共に一定速度で増大したと考えることが多い。しかし、別の選択肢として「断続平衡説」、つまり、急激な変化の時期と変化のない時期とが繰り返された、とする考えもある。

④については、化石の証拠がないので人類の古い特徴か、新しい特徴か不明だが、後述のように貧毛という特徴が人類の進化上どのような利益をもたらしたかを推論することはできる。

樹上生活に適応して進化したサル類には移動のために木登り、ジャンプ、腕わたり（ブラキエーション）など多様な運動様式が見られるが、地上歩行は一般的ではない。地上生活が比較的優位なニホンザルなどの有尾猿では、歩行の際、背骨は地面と平行で、前肢と後肢はほぼ同じ長さである点で、一般的な四足動物と同様である。一方、チンパンジーやゴリラなどの大型類人猿では、背骨は地面に対して斜めに位置し、前肢は後肢よりはるかに長く、歩行中は半直立姿勢をとる。人類の直立二足歩行は、この半直立姿勢から進化したもので、背骨の方向は地面に対して垂直、前肢はやや短く、後肢は歩行のための器官として強大である（図3）。

この特殊化は約四〇〇万年前の猿人（アウストラロピテクス類）ですでに完成していた。遺伝子の研究から、アフリカで人類の先祖がチンパンジーの系統と分かれたのは約七〇〇万年前と推定されるが、どのような適応上の理由によって人類が直立二足歩行をするようになったのかが問題である。反論もあるが、森林からサバンナへの進出が一つの要因と考えられる。

次に、咀嚼器官（歯と顎）を見ると、サル類の中でヒトが非常に特殊化していることがわかる。歯の種類と数は、大型類人猿を含む真猿類とヒトの間で差がなく、二本の切歯、一本の犬歯、二本の小臼歯、三本の大臼歯の八本を基本セットとし、上下・左右で合計三二本が原則である。しかし、ヒトの顎骨や歯列の形は独特である。サルの歯列は長さに対して幅が狭いU字状であるが、ヒトでは歯列全体が縮小し放物線状である。この変化は、直立二足歩行よりも若干早く起きていた可能性があるが、ほぼ四〇〇万年前の猿人で完成したと考えられる（図4）。

サル類の犬歯は牙状で大きいが、闘争用の武器というよりは威嚇の役割を果たしている。人類の先祖で犬歯が縮退したのは、これに代わる何らかの威嚇手段が獲得されたからに違いない。

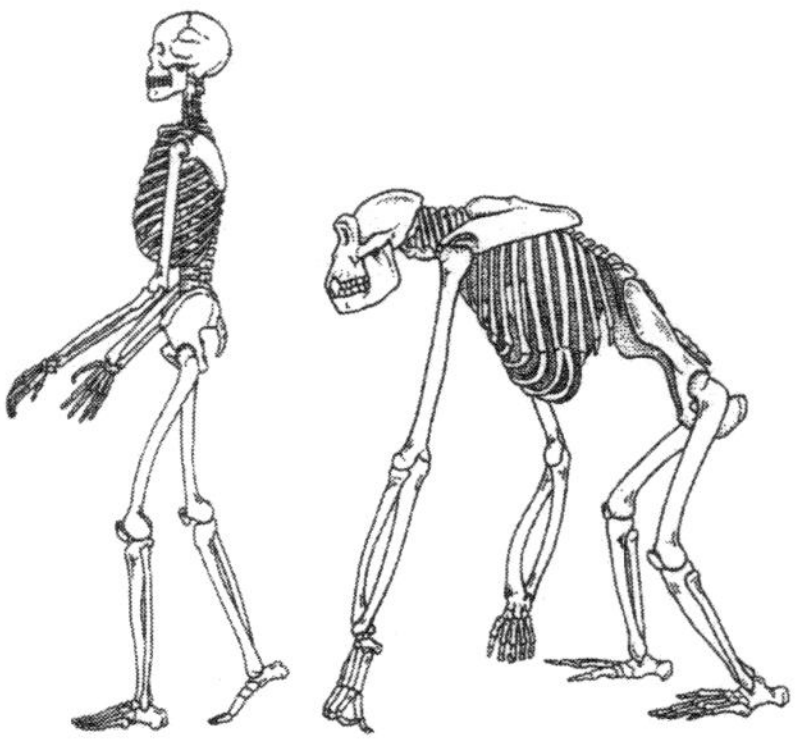

図3　ヒト（左）とゴリラ（右）の骨格

サバンナにはライオンなどの大型肉食獣が多い。初期人類にとって、いかにしてこれらの天敵から身を守るかが大きな試練であった。おそらく、人類は直立歩行で自由になった両手を使って、石を投げ木の枝を振るうなど、武器となるあらゆる道具を使って、集団で対抗することによって生き延びることができた。

森林からサバンナに進出した初期人類にとって、何を食べるかが問題である。アウストラロピテクス類（猿人）には、見かけ上非常に「ごつい」種類と「きゃしゃな」種類がいたが、異なる食性に適応するように進化した別の系統と考えられる。前者は、「くるみ割り」と表現される大型の大臼歯をもち、非常に固い木の実や根などを食べていたが、後者の大臼歯はそれほど発達していないので、こちらは主に肉食をしていたと想像される。

サバンナには、ライオンなどが食べ残した動物の死骸が、ハイエナなどの「掃除屋」の日常的な食物となっている。まだ狩猟者として一人前ではなかったアウストラロピテクス類の一部は、この仲間入りをして、ハイエナなどと戦いながら肉を得たのであろう。約二〇〇万年前になると、石器や火の使用を行う人類（原人）が狩猟によって肉を得るようになった。ヒトにつながるホモ属（ホモ・ハビリス、ホモ・エレクトゥスなど）の出現である。肉という濃縮された高エネルギー食材を得たことが、その後の人類の進化を決定付けたろう。

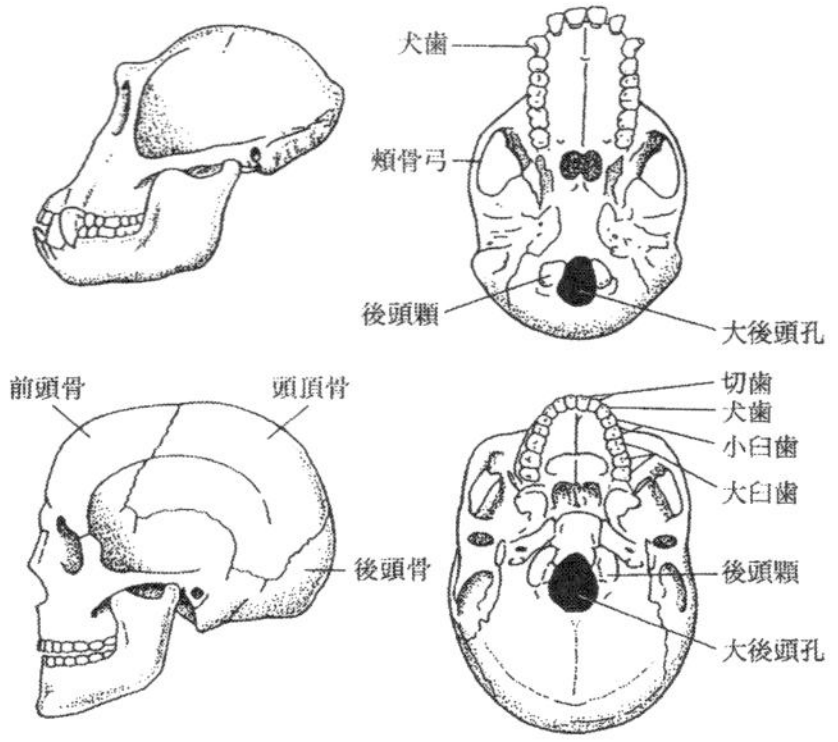

図4　チンパンジー（上）とヒト（下）。頭骨（左）と歯（右）

ヒトの著しい特徴

人類は、夜行性ではないので、熱帯サバンナの炎天下で活動するためには酷暑から身を守る必要があった。英国の動物行動学者デズモンド・モリスが「裸のサル」と呼んだように、ヒトは毛皮をもたない点で独特である。化石からは毛の有無を判断できず、これが人類進化のいつごろ獲得された特徴かは不明である。

人類が毛皮を失ったのは、酷熱の地で過熱から身を守る適応的進化の結果であったと考えられる。さらに、直立二足歩行と裸の皮膚という外観的に極めて異色の哺乳動物である人類では、目立つことが「警戒色」として働いたろう。警戒色とは、毒を持つ動物などが鮮やかな体色で天敵動物に危険信号を送ることである。

しかし、毛皮を捨てた早期人類にとっては、太陽光線中の紫外線から身を守ることが試練となった。その解決法は、紫外線を通さない黒い皮膚をもつことである。皮膚の表面にはメラニン色素を含む細胞が分布するが、その密度が高いほど皮膚は濃色となり、紫外線に対するフィルターとなる。なお、ヒトの皮膚色には著しい地理的多様性が認められ、かねてより人種特徴として用いられてきた（第四章）。濃い皮膚色と太陽光線の強さの間には相関がある。早期人類で獲得された黒い皮膚は、現在のアフリカ人に引き継がれたが、後述するように約六万年前以降に起きたヒトの「出アフリカ」以後、アフリカ以外の地で著しい多様性が生じた。

†性差

ヒトの身体的性差を大型類人猿のそれと比較してみよう。身体の大きさで著しい性的二型を示すのは、ゴリラとオランウータンで、いずれも雄は雌よりはるかに大きいが、ヒトとチンパンジーではこの差は大きくない。集団構造を見ると、ゴリラとオランウータンでは一頭の雄が複数の雌と交尾するのに対し、チンパンジー（ボノボも同様）は完全に乱婚的で、性的二型と集団構造との原理と合致する。問題は、ヒトの場合である。おそらく、早期人類はチンパンジ

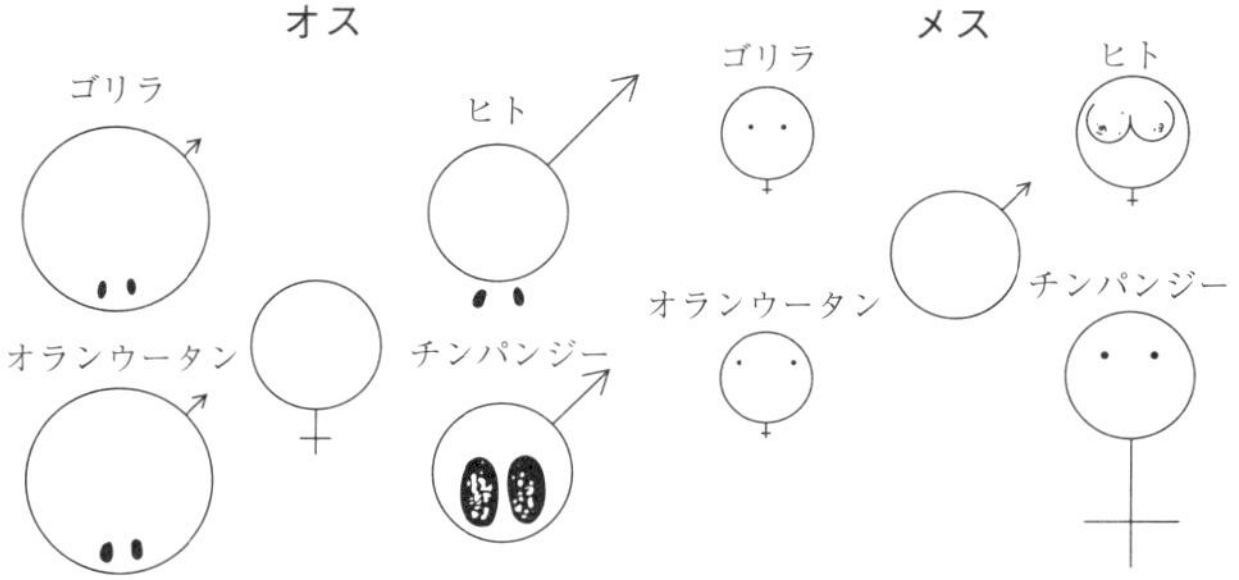

図5　ヒトと大型類人猿3種の性的二型を比較する概念図。左がオス。右がメス。大型類人猿はゴリラ、オランウータン、チンパンジー。矢印はペニス、黒丸は睾丸。（R. V. Shortによる）

ーに似て乱婚的だったが、ある時期から一人の男と一人の女が持続的な「つがい」（一夫一妻）を形成するようになったと考えられる。

雄の身体の大きさとペニスの長さの間には相関がない。ゴリラの雄は体重二〇〇キログラムにもなるが、ペニスは勃起時でも四センチ程度であるという。チンパンジーの身体はゴリラより小さいが、ペニスの長さではゴリラをはるかに凌ぎ、また睾丸が非常に大きい。雌のチンパンジーの非常に目立つ外部生殖器は、雄への性的信号と考えられる。これらの特徴は、乱婚制社会をもつチンパンジーで性交回数が非常に多いことと関係がある。

ヒト男性のペニスは霊長類の中で最大である。また、ヒトの女性の著しい特徴は丸く膨らんだ乳房である。男性のペニスと女性の乳房は、いずれも生理的機能から見れば不必要に大きい。これらは、ヒトの進化の途上で、性淘汰および「つがい」形成等の集団構造の特殊性によってもたらされた「性的魅力器官」と考えられる（ショートら、図5）。

なお、ヒトには繁殖シーズンがなく、チンパンジーのように身体の視覚的な特徴を目当てに性交が行われることもない。しかし、性交頻度は、寿命が長いことを考慮してもヒトがサル類の中で最高と考えられる。ヒトは、きわめて性的な霊長類である。

3　脳と心

†脳の機能

これまで見てきたヒトの身体的特徴は、数百万年におよぶ人類の進化の過程でおそらく自然淘汰によってもたらされた。では、一五万年ないし二〇万年の歴史しかもたない新人類であるヒトの特異性は何であろうか。それは、身体（形態）的というよりも行動上の特徴にあり、発達した脳の機能のあらわれである。

ホモ・サピエンス（知恵ある人）という学名にふさわしいヒトの特徴は、その大きな脳にもとづく精神的・行動的活動にある。ヒトの脳容量は、現代日本人を例にとれば、平均して男性で一四五〇cc、女性では一二五〇ccで、身体のサイズを反映するが、むろん霊長類の中では最大である。チンパンジーでは三五〇cc、ゴリラでは五〇〇ccほどである。

脳容量が何を物語るのかについて、まだ不明の点が多い。サル類は体重の割に大きな脳をもっている。樹上という三次元の生活空間の中で進化したサル類は、脳内の感覚と運動の連合野を発達させた。また生まれる子の数が少ない（一般に単胎）ため、子育てや学習に大きな生存上の価値が生じ、複雑な社会性が発達した（社会脳仮説）。これらの生態的、社会的条件によって大きな脳が生まれたと考えられる。しかし、大きな脳が高い知能を示すわけではない。現代人の脳容量は一〇〇〇ccから二〇〇〇ccまで個人差があるが、脳の大小と頭脳的活動には相関がない。

哺乳動物の脳には、機能の異なる部分の三重構造がある。反射・調節機能をつかさどる「脳幹脊髄系」、本能や情動行動に対応する「大脳辺縁系」（旧・古皮質）、それに、学習による適応的行動に関係する「大脳新皮質系」である。ヒトでは、大脳新皮質系の前頭葉に新たな運動・感覚連合野が生じていて、価値判断や創造性というヒト特有の機能が果たされる。

六〇年近く前に受けた時実利彦（一九〇九〜一九七三）の授業を今でも覚えている。彼は、巧みな比喩的表現によって脳の機能を一般人にもわかりやすく説明した。すなわち、脳幹脊髄系は「生きている」（生命維持）、大脳辺縁系は「うまく生きてゆく」（情動・本能）、大脳新皮質は「たくましく生きてゆく」（適応・調節）、さらに前頭葉は「よく生きていく」（価値判断）というメッセージの機能に対応する。

ヒトの大脳皮質は約一四〇億個の細胞（ニューロン）からなるが、これらは胎児の間にできあがり、出生時にすべて存在している。出生後の脳の発達は、各ニューロンが枝を伸ばして他のニューロンとの間にシナプスという連結を造りながら増加してゆく、つまり、配線が密になってゆく過程である。

近年の脳科学の進展はめざましく、大脳皮質の機能局在や、言語及びヒトの行動的特性に関する理解が深まっている。特に、新皮質の中でも前頭葉の前部、ちょうど額の奥に位置する前頭連合野（前頭前野）が知性や個性の座であることが確実になってきた。この部分は、イヌでは大脳皮質の約五パーセントに過ぎないが、ヒトでは二九パーセントに達し、チンパンジーの一七パーセントをはるかに凌駕している。

ニューロンは、成熟につれてミエリンという物質の鞘に覆われるが、前頭連合野ではその進行が遅く、二〇歳ころになってようやく完成する。おそらく、進化の途上もっとも遅く生まれた領域で、生命維持や個体の生存に直接かかわる部分ではないが、環境の変化に適応して「うまく」、そして「よく」生きてゆくために必要である。

事故によって前頭連合野に障害を受けた人で、治癒した後に知性や性格に変化が認められたとの報告がある。知的職業で優れた能力を発揮していた人が、記憶や理解力等には問題ないのに、発散型思考（答えがいくつもある課題）に対応できず、行動を制御できなくなった例も知られる。いつも通っていた道が工事のため迂回せねばならなくなったとき、どうしてよいかわからない。また、積極性や自主性、計画性がなくなり、無気力な生活を続け、周りの出来事に無関心になり、子どもっぽい態度や行動を示すなど、性格の変化や計画性の破綻が見られるという。

前頭連合野は、感覚、運動、言語、記憶・学習などの、個々の機能系をうまく協調させる「実行機能」を行っている。いわば、パソコンのハードウェアを統括するソフトウェアの働きである。ヒトの脳の重要な特異性がここにある。また、前頭連合野には、認知活動に必要な情報を短期間（数秒から数分間）だけ保持し、必要に応じて処理する「ワーキングメモリー」の機能があることがわかっている。たとえて言えば、文書の清書をする前のメモ書きである。これは、われわれの日常生活で行われる認知活動の基礎機能と考えられる。

†言語

ヒトの行動的特異性の中で、一番重要なものを一つあげるなら、言語がそれであろう。ヒトの言語の特徴は、音声コミュニケーションであることで、人類が直立二足歩行によって声帯がのどの奥から下方に下がったため、口腔内に充分なスペースができ、複雑な共鳴音を発することができるようになったと説明される。

しかし、耳が聞こえないため音声コミュニケーションができない人でも、手話などの方法で立派に考えを伝えることができる。ヘレン・ケラー(一八八〇〜一九六八)がよい例である。彼女は、二歳のときに熱病により視覚と聴覚を失ったが、七歳のときサリヴァン先生という優れた教師と出会い、指先で手に文字をなぞる方法を訓練して英語を習得しただけでなく、大学教育も受けて社会福祉の活動家となった。彼女は、障害を乗り越えて自立し立派に社会に貢献できることを示し、多くの障害者の心の支えになった。

これでわかるように、言語の本質は、音声コミュニケーションだけでなく、思考手段とも考えられる。概念に対応する単語と、それを組み合わせて文章を作る文法の能力はヒトの生得的特徴である。従来、系統発生的に一番近いチンパンジーを研究することによってヒトの言語の起源が解明されると考えられた。チンパンジーやボノボにさまざまな方法で言葉を教える試みがアメリカや日本でなされている。この中で、京大霊長類研究所のアイちゃんというメスのチンパンジーが有名である。音声コミュニケーションができないので、図形などで概念を覚えさせ、複数の図形を瞬時に指さして人間との間で一種の会話をすることができる(松沢哲郎)。ただし、必ず先生がキャンデーなどご褒美を与えるのを見ると、「パブロフの犬」(条件反射)を思い起こす。

言語学者のノーム・チョムスキーは、「普遍文法」といって、どんな言語を話そうとヒトには生得的な文法能力があると提唱した。三歳ごろからの子どもが言語を習得する能力は驚くべきものである。大人は、外国語を習うのに大変な苦労をするが、三歳児はいかなる言語であろうと、周囲に話す人がいればやすやすと習得する。単語だけではなく、明らかに文法の能力がある。大人がしゃべるのをまねるが、早急に意味をつかむようになる。本能的能力があるからであろう（スティーブン・ピンカー）。

最近、ヒトの言語の構造は鳴く鳥（ソング・バード）の「さえずり」に近いという説がでてきた。ジュウシマツとか、カナリアなどの歌には文法があり、チンパンジーの言語よりずっと複雑だという。岡ノ谷一夫は、チンパンジーの言語をヒトの言語のモデルにすることに反対で、むしろ鳥の歌がヒトの言語の起源を理解するのに役立つという。ヒトは、鳥から進化したわけではないが、行動に関しては、必ずしも系統的に一番近い動物がモデルとしてふさわしいとは限らない。系統が近縁ならすべての特徴が似ているとはいえない。これは多くの研究者が陥る落し穴の一つである。系統的にはヒトとあまり近縁でないテナガザルの仲間が非常に発達した音声コミュニケーションをもつ。

大脳表面の機能の局在に関して詳しい地図が作られている（ブロードマン脳地図）。ヒトの大脳の重要な特徴は言語中枢の存在である。ほとんどの場合、左側の前頭葉と側頭葉にあり、視覚と関係する「ブローカ中枢」や聴覚と関係する「ウェルニッケ中枢」が知られている。

†歌と踊り

言語と並んで、ヒトの重要な行動上の特徴に歌や踊りがある。これらをもたない民族はおそらく存在しない。狩猟採集民でも歌や踊りは儀式につきもので、生活の重要な一部になっている。オーストラリア先住民（アボリジニ）では、岩壁壁画が描かれた秘密の場所で、ディジュリドゥというホルンのような楽器を吹き鳴らし、夜通し歌い、かつ踊る儀式がある。歌や踊りは人類の言語獲得より前から存在していたかもしれない。

ヒトの言語で重要なことは「ストーリー展開」である。子どもは、イソップやシンデレラなどの童話でストーリーを学ぶといわれるが、そうではない。子どもには、本来ストーリー展開の能力があるが、童話など面白いストーリーがあればそれに飛び付く。その結果、童話の本が作られ、出版界がそれを利用する。子どもは、一部の人が信じているように白紙の状態で生まれてくるのでは決してない（スティーブン・ピンカー）。

†共感する能力、および笑いと涙

東アフリカのタンガニイカ湖周辺には野生チンパンジーが生息している。英国のジェーン・

グドールは、ここのゴンベ・ストリーム国立公園で、またわが国の西田利貞（一九四一〜二〇一一）らはマハレ山塊国立公園で、いずれも一九六〇年代から野外観察・調査を行い、チンパンジーの行動や社会生活に関して多くの発見をした。中でも、チンパンジーがある種の道具を使うことや、他の動物を殺して食べるばかりか、ときには種内でも殺し合いをすることなど、意外な事実が明らかにされた。

チンパンジーの言語能力を研究したデイヴィッド・プレマックが言い出し、サイモン・バロン＝コーエンらによって発展された「心の理論」（セオリー・オブ・マインド）という概念がある。ヒトが他者の心を推測する脳内メカニズムのことである。赤ん坊は、母親や周囲の人とのフィードバックを通じて自分と他人の意思が同じか違うかを推測する本能的な能力をもっている。そして、相手の顔、とくに目をじっと見て、表情から相手の心の状態や意思を感じ取るようになる。言い換えれば、「心の理論」は、自分の心をモデルに他者の心をシミュレートする能力であるともいえる。共感という能力は、チンパンジーにはなく、ヒトに特有と考えられる（バロン＝コーエン）。

なぜヒトという種でこのような能力が進化したのであろうか。長谷川眞理子によれば、そもそもヒトの大脳新皮質の高度な認知・思考能力は、生物としての生存のために必須ではない、一種の「贅沢」である。一般にサル類は、食物を得ること、捕食者から身を守ること、さらに順位制による他個体との緊張関係に絶えず全神経を集中させている。ヒトは進化の途上で、なぜかこの種のストレスからある程度解放され、「認知的贅沢」を進化させる余裕をえた。その理由として、彼女は、言語による社会的調整コストの低減と火の管理・使用による捕食者からの解放を仮説としてあげている。

なお、ダーウィンが著書『人間の由来』の中で注目したように、笑い（喜び）や涙（泣く）という感情表現もヒトの特異性に数えられる。幼児は生後早くから「ほほえむ」ことがあるが、楽しいという感情表現としての笑いは生後一二週あたりから現れる。一方、涙を流して泣くこともヒトの特徴である。その開始時期には個人差があるが、平均して生後六週目くらいである。笑いと涙はヒトの生得的な特異性で、幼児のときに普遍的に発現されるが、成人になるにつれて社会的・文化的な条件による制約を受けてさまざまな程度で引き継がれる。

†価値判断とヒトの文化

時実利彦は、ヒトの頭骨では「おでこ」の部分が膨らんでいるが、ネアンデルタール人ではそうでないことから、価値判断や創造性という前頭葉の機能は人類進化の途上ヒトになってはじめて出現したと推理した（一九七〇）。これは、当時の人類学の常識とは異なる意見だったが、価値判断という能力の進化的起源について初の意見だった。しかし、最近の脳研究によってこれが解明されたという話を聞かない。

価値判断は、ヒトの文化の重要な基盤である。さまざまな民族集団を特徴づける文化多様性の多くは、自然条件ではなく価値判断によって歴史的に出現したものである。人類は文化をもち、それによって進化した動物であるといわれるが、「文化とは何か?」との問いに答えることは必ずしも容易ではない。後述するように、その決定的定義はないといってよい(第五章)。よく引き合いに出される例は、サルの「イモ洗い」である。宮崎県の幸島《こうじま》で、餌付けされたニホンザルの群れの中で、一頭の子ザルがイモを海水で洗って食べたところ、まねをする子ザルが増えて、やがて全員がその行為をするようになった。他の地域では見られない行動なので、遺伝的性質ではあるまい。洗うことがはたしてサルにどれだけの生存上の利益を与えているのかは不明だが、ヒトの芸術などと同様に一種の「贅沢な」行動であるのかもしれない。

ヒトの場合、文化をもたない集団はなく、文化は重要な適応手段として進化したと考えられる。私は、便宜上ヒトの文化を「遺伝によらず、学習によって集団内部にひろがり、価値判断によって選択され、世代を超えて伝えられる生活様式(伝統)およびその産物」であると理解している。価値判断こそがヒトの文化の重要な基礎ではなかろうか。

4　ヒトの成長と生活史

†ヒトの赤ん坊

霊長類の中で、ヒトの成長パターンはユニークである。アメリカの自然人類学者バリー・ボーギンは、ヒトの一生を次の九期に区分した。図6には、幼児期、子ども期、少年・少女期、青年期、大人期が示されている。胎児期、新生児期（生後一年間）、幼児期（離乳・およそ三歳まで）、子ども期（およそ三－七歳）、少年・少女期（およそ七歳から女子では一〇歳、男子では一二歳まで）、思春期（性的成熟が起こる時期）、若年期（性的成熟後の五ないし八年）、成人期（生殖年齢）、老年期（女性では閉経後）。この中で、とくにヒトに特異的なものは、新生児期、子ども期、老年期の三時期である。

胎児期は、ヒトでは平均二七〇日で、チンパンジーの二四〇日より若干長いだけである。ヒトの新生児は実は胎児の延長であるという説がある。チンパンジーは、出生直後から自力で母親の体にしがみつく。つまり、運動・感覚の機能がある程度完成して生まれる。ヒトの胎児がその段階に育つためには約二年が必要である。しかし、それでは頭が大きくなりすぎ出産でき

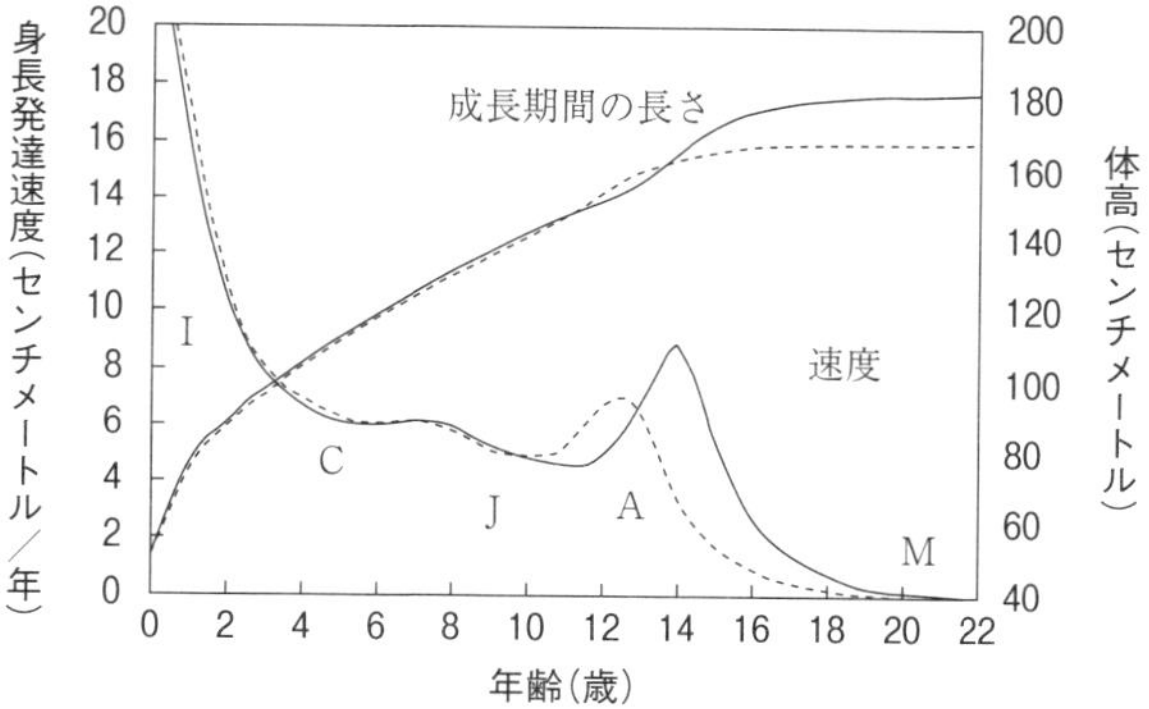

図6　ヒトの成長曲線（B.Bogin による）。各成長期の略は次の通り。I（幼児期）、C（子ども期）、J（少年・少女期）、A（青年期）、M（大人期）。実線は男性、点線は女性。

なくなるので、胎生九カ月目で産んでしまう。つまり、新生児の期間は、いわば子宮外の胎児期であるという（アドルフ・ポルトマン）。

ヒトの新生児は非常に無力である。自分から母親にすがりつくことができないので、抱いてやる必要がある。目は、ある程度は見えているが、はっきりとではない。泣き声だけは大きい。赤ちゃんの泣き声は、天敵に知られるため適応上非常に不利な性質であったに違いない。人類の祖先は、集団のメンバーみなで新生児を保護したはずである。

新生児は、急速に運動・感覚の機能を身につけ、生後一年目でよちよち歩きをするようになる。一四〇億個の大脳皮質細胞は出生時に完成していて、あとは細胞間のニューロンの結合が進み、密度が増してゆく。この配線は、出生直後から三歳ごろまでとくに急速に進むことがわかっている。この時期は「模倣の時期」とも呼ばれるが、母親を初めとする周囲の人たちの行動を見習って、刷り込みのように「しつけ」が身についてゆく。

ボーギンは、離乳の時期までを幼児期（インファンシー）と呼んでいる。離乳の時期は、狩猟採集民と農耕民とで大きく異なる。一般に、狩猟採集民では遅く、三歳またはそれ以後まで母乳を与え続けることがある。一方、農耕民や都市生活者では、離乳の時期は二歳前に早まっている。これは、穀物の粥などの離乳食が母乳の代わりになるため、母親の乳児の世話に要する時間が短縮されたことを意味する。しかし、それだけではなく、離乳の時期が早まることには、人口増大をもたらす大きな問題がある。

生理学によれば、母親は赤子に乳を与えている間は、プロラクチンという脳下垂体ホルモンの作用によって不妊である。このため、狩猟採集民では出産間隔が三年程度と長く、人口は低く抑えられている。後述するように、約一万年前まで地球上の全てのヒトは狩猟採集民であった。その後、組織的農耕が始まり、離乳の時期が早まったことによって、人口の急激な増大が起きたと考えられる。また、乳幼児の保育期間が短縮されたことによって、女性が農耕労働に従事しやすくなったことも注目すべきである。

†ユニークなヒトの子ども期

離乳すると、子ども期（チャイルドフッド）になる。三歳から七歳のこの時期は、チンパンジーやゴリラにはないヒト特有の時期であるらしい（山極寿一）。そのことは、歯の生える順序（萌出時期）を見てもわかる。乳歯（切歯、犬歯、小臼歯）は、生後六カ月目ぐらいから生えるが、硬い物を嚙むのに必要な永久歯（大臼歯を含む）は、ずっと遅れて六〜七歳から第一大臼歯を初めとして生え出す。このあと乳歯が生え代わり、第二大臼歯は少年少女期〜思春期の一二歳頃にようやく生える。

つまり、ヒトは、離乳後の四〜五年におよぶ子ども期を通じて自分で摂食することができず、親や仲間たちに軟らかい物を食べさせてもらう必要がある。まるで、巣離れする前の鳥のひなのようである。一方、チンパンジーは四〜五歳で離乳するが、その時期に合わせて大臼歯が生えそろい、子どもは自分から大人たちと同じ食物を食べ始める。

子ども期には、急速に発達する脳のために糖分の多い高カロリー食が要求される。一万年以上前、農耕をもたなかった狩猟採集民がいかにして離乳食を得ていたのかは興味深い研究テーマである。親が嚙んで口移しに食物を与えることがあった。また、軟らかい果実やイモ類のほか、蜂蜜や昆虫の幼虫、動物の内臓などを利用した可能性も考えられる。いずれにせよ、それ

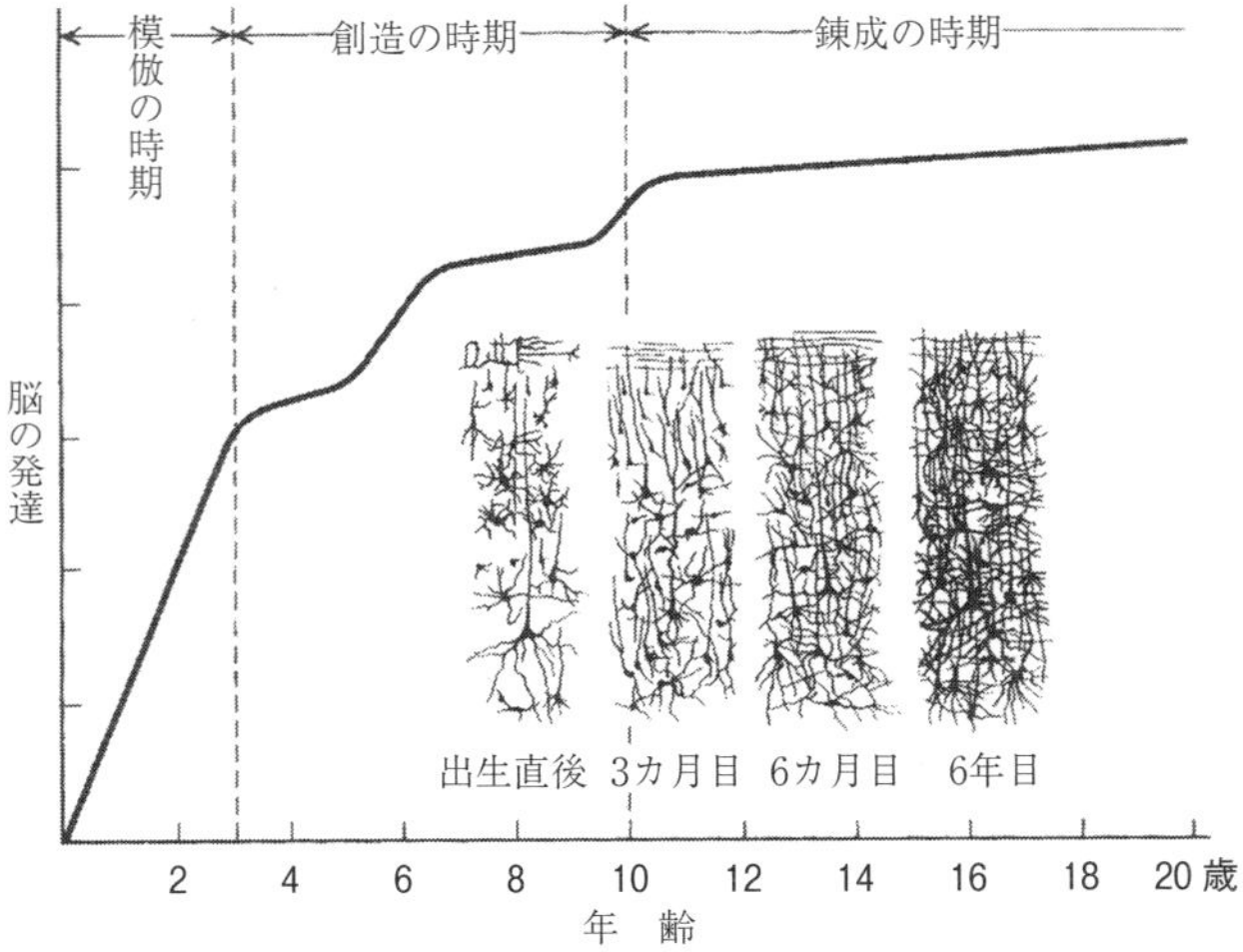

図7　脳細胞の配線が進んでゆく状況（時実利彦による）

らを子どものために用意しなければならない親たちの苦労は大変なものであったろう。

ダーウィン流の自然淘汰を考えれば、長い子ども期は適応上不利に思える。延々と続く子ども期が親を悩ませるだけだったら、ヒトが生存できたはずはない。実は、子ども期の延長は、言語の学習に十分な時間を与えることによって、ヒトという種に大きな利益を与えたと考えられる。子ども期に発達する言語の使用によって、ヒト集団の生存能力が革新的に高まり、そのことがまた子ども期という特殊な成長段階の必要性を増しただろう。集団メンバー全員による子どもの保護という協力的繁殖行動が、ヒトの成功をもたらした重要な要因の一つであった。

時実利彦は、三歳から一〇歳までを「創造の時期」と呼んだ。脳細胞が樹状突起を伸ばして密な配線を作る速度は、三歳ごろ少し低下するが、五歳から六歳にまたぐっと速まるという。我々の社会では、ちょうど幼稚園から小学校に行くころである。七歳から一〇歳まで、やや速度が落ち、一〇歳ぐらいでまた速度が急速に伸びる。小学校高学年に相当するこの時期は、創造行為の基本にとって非常に重要である。それ以後の二〇歳ころまでを時実は「錬成の時期」と呼んだが、ここでは脳細胞の配線化は比較的ゆっくりと進む（図7）。

†おばあさん仮説

日本人の平均的寿命は、二〇一三年厚生労働省の統計によれば約八二歳（男性八〇・二一歳、女性八六・六一歳）で世界一である。現代人の寿命には、栄養や医学的条件、政情など文化や文明の影響が反映している。狩猟採集民のデータなどから推定されるヒトの生物学的寿命は六五歳程度、潜在的には九〇歳近いとみなされ、他の霊長類と比べて明瞭に長い。

チンパンジーの寿命は、野外では三五歳程度、潜在的には最高五五歳くらいといわれる。つまり、ヒトの寿命はチンパンジーの倍近くも長い。ヒトがユニークなのは、集団の中にいわゆる老人が多いことである。現代人だけでなく、クロマニョン人や縄文時代人、さらにネアンデルタール人でも老人がいた証拠がある。一般に、動物では生殖に参加できなくなると死ぬのが原則であるが、ヒト（厳密に言えば女性）は、その点で明らかな例外である。女性は、ほぼ五〇歳で卵子の数がつきて更年期を迎えるが、以後の数十年、男性より長く生き続ける。チンパンジーでは、繁殖年齢を過ぎると寿命もつきるのが一般的である。

「なぜヒトには老人がいるのか？」これはヒトの本性の理解にとって重要な疑問である。その説明として、アメリカの人類学者クリスティン・ホークスら（一九九八）の提唱した「おばあさん仮説」が有名である。世界中の多くの社会で、おばあさん（祖母）が母親の出産や育児を助けることはよく知られている。おばあさんは、自分では子どもを産まないが、自分の娘や親戚のお母さんを助けることによって、生存にとって非常に重要な役割を果たしている。すなわち、おばあさんの存在は、ヒトの集団の「包括適応度」（遺伝子レベルでの成功の尺度）を高めるのに役立つために進化した、という仮説である。

同じように「おじいさん仮説」を考えることもできる。ヒトの「おじいさん」は、もともと狩猟や地域の自然条件、集団の安全などに関する豊富な経験の蓄積をもち、息子たちに教えることによって、ヒト集団の適応能力の保持に貢献していたはずである。なお、「おじいさん」は、「おばあさん」と違い生殖能力を持ち続けるが、これがヒトの進化上いかなる意味をもったのかは興味深い問題である。

第三章　日本人の起源

1　さまざまな日本人起源論

†坪井正五郎とコロポックル説

日本の人類学の特徴は、「日本人の起源」が常に中心的なテーマであったことである。なお、日本人は一般社会では「日本国民」の意味だが、人類学では「日本列島のヒト」のことで、本書でも一貫してそのように扱っている。欧米の学者の中には、日本人の「起源好き」を奇異に感じて、ナショナリズムの影響を疑う向きもある。しかし、江戸時代より日本人は自然に対する博物学的好奇心が旺盛で、島国という比較的孤立する国土のため、自分たちとその文化の由来に特別の興味をもつ人が多い。起源を問題にするのは人類学の基本的態度で、国家主義的イデオロギーと関連づける批判には賛成できない。

日本人起源論の源流は、明治初期に来日した三人の外国人に負うところが大きい。ドイツの医師・博物学者フィリップ・フランツ・フォン・ジーボルト（一七九六～一八六六）、ドイツの医師エルヴィン・フォン・ベルツ（一八四九～一九一三）、アメリカの動物学者・考古学者エドワード・シルヴェスター・モース（一八三八～一九二五）である。

ジーボルトはドイツ語の大著『ニッポン』をあらわし博物学の立場から日本を欧米に紹介したが、日本列島の先住民はアイヌ人であると述べている。ベルツは日本人には長州型と薩摩型という二つの類型（タイプ）があり、これらは異なる人種に由来すると考えた。モースは有名な大森貝塚の発掘でえた土器や人骨を研究し、日本には現代日本人とは異なる「石器時代人」がいて食人風習もあったと述べて物議をかもした。

第一章で述べた通り、坪井正五郎の研究・興味は多岐にわたったが、日本人の起源に関する論争の中で「コロポックル説」を唱えたことはよく知られている。明治時代には、いわゆる石器時代人または貝塚人（現在でいう縄文時代人）がはたして日本人の先祖か否かについて激しい論争があった。また、北海道のアイヌ人と本土の日本人との関係についても、さまざまな意見が出されていた。坪井は、アイヌ人が日本の石器時代人とは別系統の人々であると考え、アイヌの伝説に出てくる北海道の先住民「コロポックル」が日本人の先祖ではないかと考えた。これに対し、人類学会の仲間で考古学通の白井光太郎は、日本の先住民はアイヌ人であると主張して坪井に論争を挑んだ。

コロポックルは、アイヌ語で「フキの葉の下にいる人」を意味する。鳥居龍蔵《とりいりゅうぞう》（一八七〇〜一九五三）によれば、コロポックルはアイヌの伝説に次のように登場する。「ここ（北海道および南千島）には、我々より前にコロポックルという小人が住んでいた。彼らは竪穴を掘って家とし、我々が使わない石器や土器をつくっていた。我々とは交易関係があって、時々品物を持ってやってきたが、姿を見せるのを嫌って、夜間、入口から手を差し入れて品物を示し、我々はその代わりの品物を渡した。あるとき、彼らの正体を見ようと思った若者が、窓から差し入れられた手を握ってとらえたところ、若い女であった。背は低く口の周りや手に入墨をしていた。女がしきりに泣き叫んだので、若者が放してやったところ、彼女は自分の部落に帰ってアイヌの無法を話した。みな怒ってどこへともなく去ってしまった。今日、北海道に残っている竪穴は彼らの住居址であり、遺跡に残る土器と石器は彼らの使用したものである。なお、我々の婦女の入墨は彼らの風を模したものである」（寺田和夫）。

これは伝説とはいえ、北海道の考古学や人類学の現状からみて非常に示唆的な逸話である。北海道では現在のアイヌ文化が確立する一二、三世紀以前に長い縄文時代およびその延長の続縄文時代や擦文文化時代があり、また八世紀から約五〇〇年間オホーツク海沿岸にサハリンからきたオホーツク人が住んでいた。これらの文化やその担い手については、いまだに完全に解明されていないが、コロポックルがそれにあたると想像することもできよう。いずれにせよ、人類学の分析的研究がまだなされない明治時代に、坪井が伝説を事実として利用したことはあながち荒唐無稽と批判できない。しかし、坪井の先輩格の小金井良精は、人骨の形態を詳細に観察してアイヌ先住民説に同調した。このため、坪井のコロポックル説は次第に影をひそめた。

なお、アイヌ民族の歴史に関する最新の研究は、瀬川拓郎の近著（二〇一五）を参考にされたい。

†人種交替説から混血説まで

ジーボルトやベルツによってはじめられた初期の日本人起源論は、現代日本人が異人種の「原日本人」と交替したとする「人種交替説」（置換説）を前提にしていた。私が人類学を学び始めた一九五〇年代までは、化石人類の系譜と「人種分類」が自然人類学の中心的課題だった。しかし、一九六〇年代になると、ヒトの地理的多様性に関する考えが大きく変化し、人種という生物学的概念そのものが受け入れられなくなる。

日本人起源論に関しても、一九五〇年代末から人種交替説に代わって「混血説」と「連続説」（転換説）が登場してきた。日本列島の先史時代には狩猟採集にもとづく縄文文化と稲作農耕をもつ弥生文化があり、両文化を担っていたヒトは形態上非常に異なることが明らかにされていた。混血説は、主に九州大学（当時）の金関丈夫が主張したもので、西日本（九州）では縄文系の在来人と弥生系の渡来人とが混血して現代日本人になったと考える。後述の埴原和《はにはらかず》郎《ろう》の「二重構造説」は、この混血説とベルツの「長州・薩摩タイプ説」を土台にしている。また、連続説は東大の鈴木尚が唱えたもので、縄文から弥生への食性や生活様式の激しい変化に伴って、身体の形態も変化したとする。金関と鈴木とが人骨の形態研究という同じ方法論をもちいながら違う結論に導かれたことは興味深い。

　鈴木は人骨研究の第一人者で、日本人の時代的変化、歴代徳川将軍の形態的特異性、アムッド洞窟（イスラエル）のネアンデルタール人の研究など多くの業績をあげた。一貫して環境変化が形態変化をもたらすことを重視した。たとえば、江戸時代から現代までの間に日本人の身長や頭骨の特徴が大きく変わったこと、形態を見る限り徳川将軍に代表される貴族は江戸時代の庶民とは全く異なる顔つきであることなどの事実がある。

　これらの研究をもとに、鈴木は人類進化における身体的変化が主として環境の影響によって引き起こされたと考えた。金関の混血説に賛成しなかったのもそのためである。そして、猿人から新人への人類の「大進化」に対して、新人（ヒト）の内部で起きた比較的短期間の変化を

「小進化」と呼んだ。その根底には、進化は表現型の時代的変化で、環境や運動が身体に与える影響の結果であるとの、ラマルキズムを彷彿とさせる考えがあった。これは長谷部を中心とする東大人類学教室の伝統的な考えでもある。その伝統のなかで人類学を学んだが、私は遺伝子の変化を伴わない変化は進化ではないと信じていたので、恩師の考えには納得できなかった。

2 分子人類学の登場

†ドイツでの留学生活

一九六一年春、私はドイツ政府交換留学生（DAAD）として念願だった留学生活を始めた。私が入学したミュンヘン大は創設者の名前からルートヴィヒ・マクシミリアン大学として知られる。ミュンヘン中央駅からほど近く、一階には小さな自然史博物館があり、その二階が理学部人類学教室であった。

初めて登校して主任教授のカール・ザラーという年輩の先生に挨拶をした。この人は医者でもあり、当時ドイツの自然人類学の中心的存在だった。たいへんなワンマンで講師や助手たちはいつもピリピリしていた。たまたま当時、ルドルフ・マルティンの古典的な『人類学教科書』の改訂版を教室員総出で執筆させられていたが、若手の講師が「こんな雑用のおかげで研究する時間がない」とこぼしていたのを思い出す。私は、日本で大学院博士課程に入学していたが、ドイツには同様の大学院制度がなかったためドクトラント（博士号取得希望者）という資格で教室に迎えられた。

ドイツ人学生には「よく学び、よく遊ぶ」を地でゆくところがあり、夜遅くまで勉強しているかと思うと、毎週のようにビールやワインを飲んで談論する飲み会があり、週末や休暇にはスキーや山登りなどに出かけるものが多い。私も日本では相当な「遊び人？」だったので、彼らと親しく付き合うことができた。ただ、閉口したのは、ドイツ人の「きれい好き」、「理屈好き」、「おせっかい」という三点である。

学生寮では冷蔵庫を数人で共用していたが、あるとき、私がわざわざ日本から取り寄せた味噌の缶詰を入れておいたところ、捨てられてしまった。臭うので腐っていると思ったからという。また、私の部屋のトイレット・ペーパーの消費が多すぎるとして、用足しのときの紙の長さまで質問されたのにはまいった。ドイツ人の理屈好きは国民性としてよく知られ、科学や哲学などでは威力を発揮する。学生も実によくしゃべり、論理的だが、日本人からすると情緒がない上にしつこくて、うんざりすることもあった。

†実験室にて

私の留学の目的は、それまでの人類学に遺伝学の成果を取り込むことであった。一九六〇年代初期の当時、ドイツの大学では人類学教室の看板がこぞって人類遺伝学教室に書き換えられていた。日本では、人類遺伝学は医学部に置かれるのが通例なので、理学部の人類学教室で遺伝学研究が大手を振ってできることはうらやましく思えた。講義では、ワトソン＝クリックのDNAモデルから始まる、当時としては先端的遺伝子研究が紹介され非常に刺激的だった。

博士論文の研究テーマを選ぶにあたって、当時注目を集めていたヒトの血清タンパク質の「遺伝的多型」に興味をもった。遺伝的多型とは、メンデルの法則に従う単一遺伝子の個人差のことである。それまで、ヒトではABOやMN式などの血液型（赤血球抗原型）のほか、耳垢型やPTC味盲型などごくわずかの例が知られていたにすぎない。そのため、この現象は特別の理由（自然淘汰）によって生じると考えられていた。

一九六〇年にアメリカのオリバー・スミシーズは、「デンプンゲル電気泳動」を用いてヒトの血清を分析し、ハプトグロビンというタンパク質に遺伝的多型があることを見出した。電気泳動法は、タンパク質などを電荷（電気量）の違いによって分離する。異なるタンパク質は表面のアミノ酸の構成が違うので、電場に置いたとき、電荷の違いによって陽極または陰極に向けて動く速度が異なる。彼は実験条件をいろいろ試した結果、ある一種類のタンパク質（この場合ハプトグロビン）にもこの速度が違う型があり、家系調査によってこの型がメンデルの遺伝法則に従うことを見つけた。こうして、遺伝的多型が特殊な現象ではない可能性が高まり、この方法で人類学に応用できる遺伝標識（マーカー）が多数見つかると期待された。

この発見の重要な点は、タンパク質が遺伝子（DNA）の直接的産物である点にある。DNAはA・G・C・Tという四種類の塩基からなり、これが三個ずつ連なって暗号となり二〇種類のアミノ酸を造る。タンパク質はアミノ酸が集まってできているが、立体構造の表面に分布するアミノ酸の種類によって電気的性質が決まる。電気泳動法はその原理に基づいてタンパク質のアミノ酸の相違を検出するので、間接的にDNA暗号の違いを読み解くことになる。一九六〇年代には、まだDNAそのものを実験に用いることはできなかったので、タンパク質の多型はDNAに最も近い対象の研究であった。

ミュンヘンの人類学教室でも、数年前からこの研究が始まっていた。私は、前年にスウェーデンのヤン・ヒルシュフェルドが報告したGCと名付けられた血清タンパク質の遺伝的多型に興味を抱き、推定される対立遺伝子の頻度が民族集団によって違うかどうかを調べることにした。実験を始めてみると、いくつか不明の点がでてきたので、スウェーデンのカロリンスカ研究所まで行ってヒルシュフェルドに会い、免疫電気泳動法と呼ばれる実験法を詳しく教えてもらうことができた。その後は順調に研究が進み、ドイツ人とは異なるさまざまな民族集団における遺伝子頻度を知るために日本からも血清試料を送ってもらった。

ドイツで実験をして感心したのは、テクニシャン（実験補助者）の存在である。日本では、大学院生や若手の教員でも実験後の試験管洗いをはじめ雑用をすべて自分でやらねばならず、研究時間がとられてしまう。しかし、ドイツでは、私のような一介の博士志願者にまで専門技術を持った一人のテクニシャンがついた。後日訪れた諸国の大学でも、教授や助手などのスタッフよりテクニシャンの方が多いことはまれでなかった。しかも、彼（女）らは実験技術の専門的な訓練を受けていて、技術者として十分な給料をもらっているので不満が少ない。

血清タンパク質の遺伝的多型の研究は順調に進み、一九六三年の春に一応論文ができあがった。主任教授に見せると承認されたので、博士の資格試験を受けることになった。ドイツに来て二年目で、やや早すぎるかと思ったが挑戦してみようと思い、調べてみると大変なことがわかった。日本の大学院制度とは違いドイツでは博士のための専門課程はなく、志願者は論文審査のほか二つの副科目の口頭試問に合格しなければならない。人類学の場合、副科目は医学部の生理学と理学部の動物学である。生理学は苦手だったし、動物学の方は厳しいことで恐れられていたアウトルムという教授が担当者とのこと。びくびくしたが、ふたを開けてみると先生は、たどたどしいドイツ語を話す私に同情されたのか、質問の内容はやさしくて拍子抜けだった。こうして私は無事に学位（ドクター・オブ・フィロソフィー：Ph.D.）をえることができた。

†研究法の進展

私が研究者としてスタートした一九六〇年代前半は、生物の多様性研究に分子レベルの実験や数理統計解析が導入された画期的な時期だった。それまでの人類学や遺伝学にはヒトを対象とする実験的研究は少なく、ヒトは実験生物学の対象にはなりえないとの考えがあった。しかし、比較的簡単に試料がえられる血液のタンパク質を用いる遺伝的多型の研究が進んだことは、人類学に大きな希望をあたえた。ヒトやサルの変異や進化に関しては、従来の形態学的研究によって蓄積された膨大なデータがある。これに遺伝子の情報が加われば、ヒトは生物学の中でもっとも研究される種になると期待された。多様性の研究は博物館行きとか、進化の研究は科学ではないとの意見にも反論できる。

同じころ、電気泳動法とは全く違う方法によってヒトの分類学的位置づけをはかる研究者が出てきた。アメリカのモリス・グッドマンは、サルとヒトの血清タンパク質を「抗原抗体反応」によって比較し、チンパンジーやゴリラなど大型類人猿は、アカゲザルなどの有尾猿よりずっとヒトに近いことを示した。その後、この方法を発展させたヴィンセント・サリッチらは、一九六七年の論文で、抗原抗体反応に関する種間の相違を「分子時計」に従って進化時間に換算し、ヒトとチンパンジーの分岐は約五〇〇万年前、オランウータンとは約八〇〇万年前に分岐したと推定した。なお、分子時計とは、自然淘汰のない中立進化を仮定すれば、遺伝子は一定速度で進化するため変化時間を時計のように測れるとの仮説で、広く用いられている。

当時、多くの人類学者は化石資料に基づいて人類と類人猿の分岐を約二〇〇〇万年前と考えていたので、サリッチらの推定は猛烈な批判をあびた。しかし、その後は分子レベルのデータが次々に出されるのに対して化石資料の方は問題点が指摘され、分子レベルの推定に軍配があがった。なお、グッドマンは抗原抗体反応による比較を続けた結果、チンパンジーとゴリラを人類（ヒト科）に分類すべきであると主張した。

ヒトの個人は顔かたちがみな違い、一卵性双生児を除けば同じ外観の人はまず見られない。しかし、魚屋に並んだ魚や庭先の雀などの個体はみな同じに見える。このような観察から、ヒトは他の動物より多様性の度合いが高いと考えられていた。ところが、電気泳動法によってタンパク質の遺伝的多型が多数発見されると、ショウジョウバエやマウスなどと比べてもヒトの遺伝的多様度が特に高くはないことが判明した。このことは、それまで形態だけを見て判断されていたヒトの姿（人類像）を根本的に覆すこととなり、伝統的な人類学者の中にはこのような「分子人類学」に脅威を感ずる者もいた。

一九六〇年代に起きた方法論上の今ひとつの革新は、大学などに大型計算器が普及し、長時間かかっていた多変量統計解析などの煩雑な計算が非常に簡単になったことである。電気泳動法によって発見される遺伝的多型は、血清タンパク質だけでなく赤血球の酵素タンパク質にも広がり、一九六〇年代の終わりには二〇種類近くにも達していた。

これらの遺伝マーカーは、一つの「遺伝子座」(ローカス)に二個またはそれ以上の「対立遺伝子」(アリール)が存在することを示し、それらの頻度が集団(個体群)ごとに計算される。早速、これらの遺伝子頻度データを用いる集団遺伝学の理論が作られ、集団間の「遺伝距離」という概念が登場する。イタリア人のルイジ・ルカ・カバリ＝スフォルザや日本の根井正利が開発した理論を用いて、世界の民族集団が互いにどの程度遺伝的に近縁かを推定して系統樹を書くことができるようになった。

†アイヌ白人説を否定する

一九六四年にドイツから帰国して母校に奉職すると、国際生物学事業(IBP)という世界的プロジェクトが始まり、その一環である文部省(当時)の特定研究「ヒトの地理的多様性と適応」に参加することができた。一九六六年から六年間、北海道日高地方のアイヌ系住民について種々の野外調査が行われたが、私は採血と血液型検査を担当された法医学者の三澤章吾博士らと共に集団遺伝学的調査に参加した。

現在では、国際的に遺伝子試料に関する倫理規定が整備され、採血などの際には被験者本人の同意書（インフォームド・コンセント）が求められる。しかし、当時はまだそのような規定はなく、われわれは地元の医師や教育委員会等の協力者の了承のもとに調査を実施した。プライバシーの保護には充分に気をつけて、学校などでアイヌ系と非アイヌ系を区別せずに全員から血液試料をとり、別途に学校の先生や地域の方々の内部情報によって両者を区別して集計を行い、名前などの個人情報は一切利用しなかった。

東京に持ち帰った試料について、電気泳動法によって血液タンパク質の個人差を調べ、三澤博士は血液型（赤血球抗原型）を検査した。これらの遺伝的多型は、現在では「古典的遺伝マーカー」と呼ばれてほとんど省みられない。一九八〇年代から実験室で直接ＤＮＡを扱うことが可能になったからである。しかし、それまでは古典的遺伝マーカーが集団遺伝学や分子人類学の分野で国際的に活用された唯一のツールであった。

一九六〇年代の終わりごろ、わが国の大学で吹き荒れた紛争のため、研究条件が極端に悪化した。そのこともあり、一九七〇年にオーストラリア国立大学からの招きで家族ともども訪豪できたときは正直ホッとした。大学は首都キャンベラにあり、その医学研究所で仕事を始めた。実験設備や図書など完備していて申し分なかった。テクニシャン（実験補助者）が優遇され充実していることも以前滞在したドイツの大学と同じである。

私の研究目的は、この研究所に集められていた太平洋地域のさまざまな民族集団の血液試料について、赤血球酵素の遺伝的多型を調査し、すでに日本で得ていたアイヌ集団を含む日本人のデータと比較することであった。

この大学には大型コンピューターが備えられていた。日本では、カバリ＝スフォルザの論文で遺伝距離や系統樹作成の方法論を知ってはいたが、当時の私の研究室には卓上電気計算機しかなかったので、ここで大型コンピューターを使えるのがありがたかった。

さっそく私は、血液タンパク質のほか血液型や耳垢型を含めた一六種類の遺伝マーカーの遺伝子頻度を用いて、アイヌ人と世界の主な民族集団との間の遺伝距離を計算して系統樹を作成し、その結果を一九七二年にキャンベラで開かれた太平洋学術会議（PSA）で発表した。これは、日本人の起源の問題に遺伝子データを応用した初めての研究で、その結果は前述の「アイヌ白人説」や小金井の「人種孤島説」を否定するものだった。帰国後、この研究は「遺伝的多型とアイヌ人の起源」と題する学位論文（博士）となった。

この研究で、アイヌ人は日本列島に後期旧石器時代から住んでいた先住民であると推定された。しかし、アイヌ人の起源をより詳しく知るには、この論文の資料は十分とはいえず、集団や遺伝マーカーの数を増やし、系統樹の作成法にも改良を加えて、より信頼性の高い結論をえなければならなかった。

†日本人の二重構造説

一九九四年に還暦を迎え、東大を定年退職して京都の国際日本文化研究センター（日文研）に移り、日本人と日本文化に関する学際研究を開始した。初代所長で哲学者の梅原猛氏は、大学の閉鎖的な講座制を批判する立場から一九八七年にこの研究所を立ち上げた。その理念は、所属が「京大」や「東大」に偏ることのないように研究者を集め、「人文科学」、「社会科学」だけでなく「自然科学」をも必要とし、さらに「国際性」「学際性」「総合性」という三つのキーワードを重視することであった。要するに、「たこ壺から飛び出せ」という理念である。

当時京都には、東大人類学教室の先輩で形態人類学とくに歯や骨の研究者である埴原和郎氏（一九二七〜二〇〇四）がおられた。彼は一九九一年に日本人の「二重構造説」を発表したがその骨子はおよそ次の通りである。

①日本列島には旧石器時代から縄文時代にかけて「原日本人」というべきヒトが住んでいたが、後の弥生時代以降に大陸から渡来したヒトとの間に混血が起きた。混血は西日本で始まり、一方で東・北日本へ、他方で南日本へと広がったが、それは現在でも進行中である。西日本から遠い北海道と琉球列島では混血の影響がもっとも少ない。このように、日本人には由来の違うヒトの二重構造がある。

②原日本人は南方系のヒトで、渡来系弥生人は北方系である。

一九九七年、この説を検証するとともに日文研にふさわしい学際研究によって日本人論を前進させるため、文部省（当時）の大型研究費をえて「日本人および日本文化の起源に関する学際的研究」というプロジェクトを立ち上げた。ここで、日本人とは日本文化の担い手である「日本列島のヒト」と規定し、「自然環境」「人類学」「考古学」「日本文化」「総括」に対応する五つの班のもとに一〇〇人近い研究者が集まり、活発な討論会や国際シンポジウムなどが開かれた。プロジェクトは五年間続き、従来は考えられなかった異なる研究分野間の情報交換によって、いくつもの論文が書かれ、新たな人脈が形成された。

この中で私は、日本人の起源に関する自己の研究をまとめる意味で、「日本人の起源：二重構造仮説の部分的支持」と題する論文をアメリカの人類遺伝学雑誌に発表した。共著者の斎藤成也は東大時代の教え子の一人であるが、アメリカに留学して根井正利のもとで開発した系統樹作成法（近隣結合法）は国際的に有名である。論文では二〇種類の古典的遺伝マーカーのデータを世界の二六民族集団の間で比較した分子系統樹が示された（図8）。

系統樹によって、ある集団と最も近縁な集団は何か、また両者が分かれてからおよそどの程度の時がたったのかを推定できる。この図を見ると、まずアフリカの集団がそれ以外の集団と非常に遠い関係にあることがわかる。「中立説」に従えば、アフリカ人の起源がもっとも古いと示唆される。次に、それ以外の集団を見ると、ヨーロッパ、アメリカ、オーストラリア・ニューギニア、北東アジア、東南アジアの五系統群（クラスター）が識別される。

さて、埴原説の検証に対する重要な部分は、北東アジアおよび東南アジアという二つの系統群の存在である。従来から、アジア人およびアメリカ人（先住民）に対して「モンゴロイド」という人種的名称が与えられてきたが、遺伝子からみればそれほど単純ではないことがわかる。図8に見られるように、遺伝子のデータによればアメリカの集団はアジア人の集団とは相当に離れた位置にある。考古学の常識では、アメリカ先住民の先祖がシベリアからアメリカ大陸に渡ったのは一万二〇〇〇年前をあまりさかのぼらないとされていたが、遺伝子データはその値が過小評価であることを示している。

日本人については、アイヌ人、本土日本人、琉球（沖縄）人の三集団の間の比較をした。これらは言語や文化の上でかなり異なるので「民族集団」と考えてよいであろう。日本は単一民族の国とはいえないことは明らかである。図を見ると、これら三集団は北東アジアの集団群に含まれ、互いに近い関係にあることがわかる。アイヌ白人説や「人種孤島説」は完全に否定される。また、アイヌ人が本土日本人より琉球（沖縄）人に近いことは興味深い。かねてより人類学では「アイヌ・沖縄同系論」があったからである。

われわれの研究では、埴原が提案した現代日本人の二重構造の存在はほぼ支持できるが、原

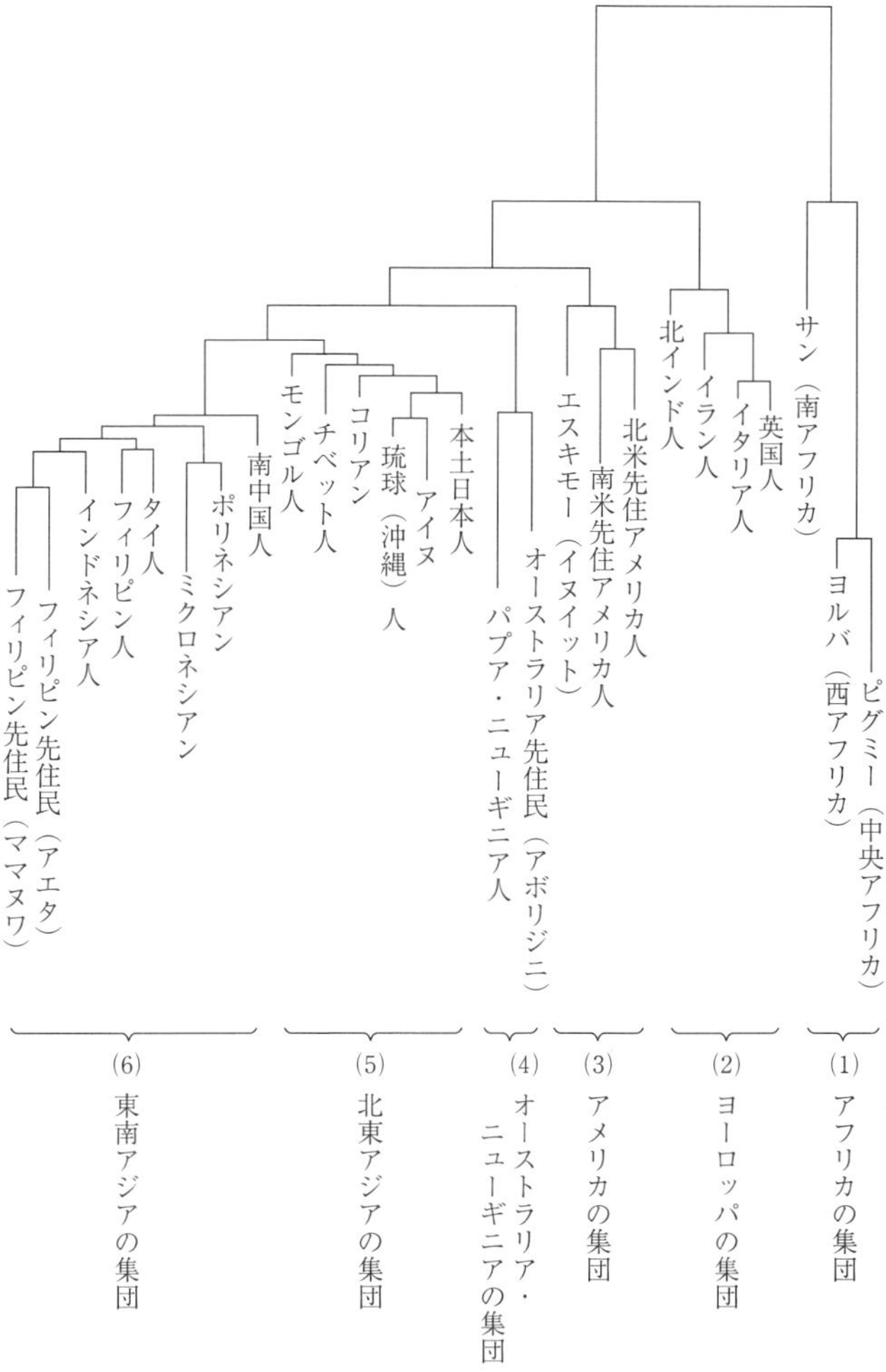

図8　遺伝子データに基づく民族集団の系統樹（20種類の古典的遺伝マーカーを用い、近隣結合法により作成）（Omoto & Saitou, 1997）

日本人が南方系であるという点は否定される。なお、図8でアイヌ人がコリアン、チベット人、モンゴル人などとともに北東アジアの集団群に含まれることについて、それは現在のアイヌ人ですでに和人（北方系が主体）との混血が進んでいるからではないか、との批判があった。それに対し、われわれはさまざまな混血率を仮定したシミュレーションを行い、アイヌ人がやはり北東アジアの集団に近縁であることを確かめた。

†DNA研究の進展

一九八〇年代以降のDNA研究技術の進歩によって、細胞内小器官のミトコンドリアやY染色体遺伝子のDNAの多型が人類学や集団遺伝学で非常に有用であることがわかり、それまでの古典的遺伝マーカーにとって代わった。両者の共通点は、「ハプロタイプ」（個人の半数体の遺伝子型）が決定され、ついで共通祖先に由来すると考えられる一群のハプロタイプを「ハプログループ」として認識し、それを集団の遺伝標識として起源の研究や系統樹の作成ができることである。現代日本人には少なくとも一六種類のハプログループが見られ、歴史上アジアのさまざまな地域からの人の流入があったと推定される。そのうちM7aとN9bと呼ばれる二つのハプログループは、アジアの中でもほぼ日本列島に限って分布しており、いわば「日本人マーカー」といえる（篠田謙一）。

ミトコンドリアＤＮＡの利点は、例えば縄文人など古人骨からでも研究できる点である（Ｙ遺伝子では今のところできない）。この研究を行った篠田によれば、縄文人の起源を単一地域の集団に求めることは困難であり、アジアの多方面から流入した祖先集団の混合があったことが示される。われわれは、アイヌ人は北海道の縄文人の末裔であると考えてきたが、問題はそれほど単純ではないらしい。

ハプログループの種類からみれば、北海道の縄文・続縄文集団と近世アイヌ集団、さらに現代アイヌ集団の間にはかなりの差異がみられる。しかし、アイヌ集団が高率でもっているハプログループＹは、オホーツク人からもたらされたもので、文化面だけでなく遺伝子の面でもアイヌ人がオホーツク人の影響を受けたと推定できる。

母系遺伝のミトコンドリアＤＮＡに対して父系遺伝のＹ染色体ＤＮＡの研究は、すこし遅れて二〇〇〇年ごろから進んだ。ＹＡＰ＋と名付けられたＤＮＡ部分を含むハプログループＤの頻度に興味深い地理的傾向がみられる。これはアイヌ人、本土日本人、沖縄の人という三集団にのみ見られ、他のアジア人集団にはほぼ欠如していて、日本列島人の遺伝マーカーといってよい。しかもこの頻度はアイヌ集団で最も高いことは注目に値する（田嶋敦ら）。

ごく最近二〇一〇年ごろから、「ゲノムワイド」（ゲノムの全領域）の数十万カ所の単一塩基置換（スニップ）を一挙に検出するという革新的な技術が開発され、ＤＮＡ研究は飛躍的な進歩をとげた。国立遺伝学研究所の斎藤成也の研究室が中心となり、われわれも二〇一二年にこの方法を用いる日本人三集団の起源について発表した（ティモシー・ジナムなど）。その結果は、古典的遺伝マーカーを用いた集団間の関係を基本的に確認し、二重構造説をほぼ支持したが、特筆すべきは「アイヌ・沖縄同系論」のDNAによる証拠が初めて得られたことである。

なお、琉球列島のヒトの起源については、従来、沖縄本島の湊川人（約一四〇〇〇年前）の形態研究から縄文人との関係が想像されていた。しかし、最近、先島諸島の石垣島の白保竿根《しらほさおね》田原《たばる》洞穴遺跡から、今のところわが国で最古の約二万年前の人骨が一〇体ほども発掘されるという大発見があった。中間的な報告では、ミトコンドリアDNAからみて縄文系ではなく、むしろ東南アジアの集団との近親性が高いという（篠田謙一）。

「ゲノムワイド」のスニップ検出法という最新の方法による系統樹が、かつて私が行った「古典的遺伝マーカー」による結果と比較的よく似ていることには理由がある。この二つの方法は、規模や精度には大差があるものの、原理的にはいずれもゲノム上に点在する多数の独立のスニップ（単一ヌクレオチド多型）をデータとしている点で、ミトコンドリアDNAやY染色体遺伝子のマーカーとは非常に違う。比喩として顔写真にたとえてみれば、古典的遺伝マーカー法は大雑把に顔面全体を表すが、ゲノムワイド法では細部まで詳しい映像がえられる。一方、ミトコンドリアDNAやY染色体マーカーでは、目とか鼻といった顔の一部分のみを克明に示す画像と考えればよい。

†縄文人と弥生人

現在の分子および形態、さらに先史データから類推される日本列島のヒトの起源について、次のシナリオが考えられる。かつて、数十万年前の人類（いわゆる原人）が日本列島にもいたとの説があったが、二〇〇〇年に証拠の石器が捏造だったことが判明し、現在では否定されている。日本列島に最初に到来したヒトは約三万八〇〇〇年前の後期旧石器時代人である（海部陽介など）。このころ、地球は最終氷期を迎え、海水面の低下によって現在の間宮海峡、宗谷海峡、対馬海峡などは完全には存在せず、日本列島は大陸とほぼ陸続きだった。

気候条件を考えると、後期旧石器時代人は主として北東アジアから極寒の気候をさけて南下してきたのであろう。一部は現在の沿海州からサハリンをへて北海道へ、さらに本州北部へと渡ってきた。マンモス、オオツノジカ、ナウマンゾウなどの大型哺乳動物を獲物にしたと考えられる。世界的にみて旧石器時代は「打製石器」の時代であるが、日本の後期旧石器時代人は一種の「磨製石斧」を使っていた点で特異である。用途は何だったのだろう。また最近、石器の材料となる黒曜石の産地や大がかりな「落とし穴」の集合跡などが発見され、当時の狩猟の様子が次第にわかってきた。

このように日本列島の後期旧石器時代人は北方系の人々で、沖縄を除き東南アジア人とは別系統であったろう。この点は、埴原の考えと合わない。しかし、前述のように、沖縄では約二万年前に南方系の後期旧石器時代人がやってきていたことが確実になってきた。海部陽介によれば、これらの後期旧石器時代人はたぶん台湾から何らかの方法で海を渡り、与那国島、西表島をへて石垣島に到達したと考えられる。

後期旧石器時代人の日本列島への渡来には、朝鮮半島から西日本への経路も可能性として考えられる。かつて、大分県の聖岳洞窟出土の人骨（後頭部断片）が周口店（中国）の上洞人（後期旧石器時代人）に形態上類似しているとの説があったが、この標本（新潟大学医学部にて保管）の再検討はなされていない。

日本列島では火山の影響による酸性土壌のため、縄文時代以前の人骨はほとんど発見されていない。今のところ、沖縄を除けば静岡県の浜北人が唯一の例である。しかし、琉球列島には巨大な琉球石灰岩層があり、今後とも後期旧石器時代人が発見される可能性が大きい。一方、縄文人骨は貝塚等で発掘されるので、本土でも多数の標本が得られている。

約二万年前の氷期の最盛期をすぎると気候は温暖化にむかい、旧石器時代人の人口は増えたろう。一万三〇〇〇年前ごろより、定住的な生活と食物（堅果など）の保存や一部の植物栽培、そして土器造りなどを始めた人たちが生まれ、縄文時代を迎える。この人たちのＤＮＡは現在のアイヌの人々、さらには本土日本人にも受け継がれている。ただ、南北に長い日本列島に一万年以上もの間住み続けた縄文人が遺伝的に均質であったとは考えにくい。大陸から何度もの偶発的なヒトの流入があったに違いなく、これが縄文人のミトコンドリアＤＮＡハプログループの多様性の原因と考えられる。

一方、およそ三〇〇〇年前には、大陸から新たな人々が西日本に渡来して弥生時代になる。従来、弥生時代の始まりは前三〇〇年ごろと考えられたが、最近の年代測定法等の発達によって、これより五〇〇年も古い年代が示されている（藤尾慎一郎）。中国の歴史では、たまたまこのころは春秋戦国時代で、戦乱がたえなかった。このことから、弥生系渡来人は難民（ボートピープル）ではなかったかと想像される。ミトコンドリアＤＮＡのデータからも、渡来人が侵略者（主に男）ではなく、男女両方がいたと考えられる。

いずれにせよ、縄文人たちは渡来者を受け入れ、抵抗よりは混血という形で現在の日本人が形成されたことは、二重構造説の通りであろう。弥生系渡来人が水田稲作の技術をもっていたことが、縄文系先住民の生活に大きな変化をもたらす結果となった。

弥生時代の渡来民の数については、さまざまな議論があるが、狩猟採集中心の縄文人と組織的農耕をもっていた弥生人では出生率に大きな差があったはずで、仮に渡来人が少数だったとしても、やがて渡来系遺伝子が在来系遺伝子を凌駕しただろう。現代日本人の二重構造説をもとに計算すると、本土日本人のミトコンドリアDNAのうち大陸由来のDNAの割合はほぼ六五パーセント、縄文系は三五パーセントと推定される。われわれは想像以上に縄文人の遺伝子を受けついでいる（宝来聰）。

ところで、埴原がなぜ原日本人（縄文人）を南方系、渡来系弥生人を北方系と考えたのかについては理由がある。従来、人類学ではアジア人の歯の形に小型の「スンダドント」と大型の「シノドント」という二型があり、前者は東南アジア、後者は東北アジアのヒトの特徴と考えられていた。南と北の気候環境の相違によって、顔の形に差異が生じた結果、東南アジアでは彫りの深い顔が、東北アジアではシベリアや極北の住民のように「寒冷適応」によって彫りの浅い顔になったという。寒冷適応とは、寒地に住む動物では凹凸の少ない身体が有利で、ヒトでも顔の彫りが浅いのは寒さに対する適応である。

アイヌ人も縄文人も歯はスンダドントで、一般的に顔の彫りが深い。一方、多くの弥生人や本土日本人では、シノドントの歯と平たい顔が特徴である。埴原説の根拠になったのは主としてこのような観察結果であったろう。しかし、われわれの遺伝子データでは逆にアイヌ人が北方系と推定される。

ヒトの系統研究の中で、なぜ形態データと遺伝子データとが違う結論を生むのであろうか。歯の型や顔の彫りの深さといった「表現型」は環境に適応した形質と考えられるが、その基礎になる遺伝子についてはほとんどわかっていない。表現型の進化という問題は今後の人類学の大きな研究課題である。なお、百々《どど》幸雄《ゆきお》は、頭骨に見られる小さな穴などの「小変異」のデータを用いて、アイヌ人は縄文人とは類似するが、琉球人との同系説には反対している。

第四章

ヒトの地理的多様性

1　出アフリカと拡散

†人類の出アフリカ

人類はおよそ七〇〇万年前のアフリカで、チンパンジーなどとの共通祖先から分かれて進化したと考えられる。また、現生人類ヒトは、一五万年ないし二〇万年前にやはりアフリカで生まれた。仮に人類の歴史七〇〇万年を一年と考えると、二〇万年は約一〇日に相当する。ヒトは非常に新しい種である。

アジアに目を転ずると、中国やインドネシアに「原人」と呼ばれる古代型の人類（ホモ・エレクトゥス）がいたことが知られていて、古いものでは年代は一〇〇万年前をはるかに超える。このことは、人類がアフリカとアジアで独立に進化したとの「多地域進化説」の根拠とされたが、現在では、これらの人類もおよそ一八〇万年前にアフリカから出てアジアに到達したホモ属の一系統と考えられている。ずっと後、一〇万年前より新しい時代にヒトは人類として二度目の「出アフリカ」（アウト・オブ・アフリカ）を果たした。

三〇万年以上前からユーラシア西部に分布したネアンデルタール人（旧人）は、ずんぐりとした体形から寒冷気候に適応していたと推察される。四肢が比較的短いのは体積に比べて体表面積が相対的に小さいため寒さに強い（アレンの法則）。また、石器もポイント（槍の穂先）など大型動物の狩猟に適するように発達し、寒冷地での生活に適応していた（ムステリアン文化）。

現生人類ヒトの出アフリカには、より複雑な要因があったろう。約五万年前ヒトはアフリカから遠く離れたオーストラリアに忽然と現れる。インドや東南アジアなどでの石器や人骨の証拠もほぼ同年代以降のものなので、ヒトの出アフリカは五万年前をあまり遡らない時期に起きたと考えられる。

グリーンランドの氷床の酸素同位体の検査によって古気候が復元され、約一二万年前は間氷期で温暖であったが、次第に寒冷・乾燥化が進み、七万年前ころ始まった最終氷期にはアフリカで森林の縮小や草原の砂漠化が起きた。

現代人の場合、移住の主な原因は人口増大や戦争である。しかし、純粋の狩猟採集民であった五万年前のアフリカ人に急激な人口増大や戦争があったとは考えられない。アフリカを出たヒトは比較的少人数（五〇〇〇人程度？）で、石器や火の使用などの文化的適応能力のほかに、好奇心や想像力といった心理的能力の発達も関与したかもしれない。

なお、約四万年前にヨーロッパに達したヒト（クロマニョン人）は先住民のネアンデルタール人と出会い、少なくとも数千年間両者は居住圏を共有した。最近のゲノム研究によって、ヒトのDNAの数パーセントはネアンデルタール人由来であると推定され、混血があったことが証明された（スヴァンテ・ペーボ）。

最近の遺伝子研究による推定では、アフリカからのヒトの最初の移動は五ないし一〇万年前にエチオピアからアラビア半島へ、さらに沿岸部を経由してインド、東南アジアを通りついにオーストラリアに達したとのシナリオが有力視されている。海産物の利用というヒト特有の行動がこの説を補強する。ヒトの移動経路だった沿岸部は今では海中に沈んでいて遺物などの証拠が得られないことは残念である。

少し遅れて、アフリカから北方の中近東、西アジア、ヨーロッパへの移住、また西アジアよりシベリア経由で東アジアへの移住があった。日本列島への最初のヒトの移住は約三万八〇〇〇年前と推定されることはすでに述べた。これらのルートはユーラシア大陸の寒帯部をも通ったわけで、アフリカ起源のヒトは初の酷寒という試練を受けなければならなかった。

ヒトの重要な文化的適応能の一つに寒さを防ぐ衣服がある。最近、意外なことから衣服の起源が議論された。ライプチヒ（ドイツ）の進化人類学研究所のマーク・ストーンキングらが目をつけたのはシラミである。ヒトの外部寄生虫であるこの昆虫には、頭髪につくアタマジラミと衣服に住みつくコロモジラミの二種がある。なお、陰部に住むケジラミは全くの別種である。コロモジラミは人類が体毛を失った後、衣服を着るようになってアタマジラミから進化したと推定される。ストーンキングらは世界中からシラミの試料を集め、核DNAゲノムの塩基配列を決めた。その結果推定されたのは、コロモジラミの起源がおよそ七万二〇〇〇年前であるという。

†ヒトの拡散と大型動物の絶滅

およそ七万年前以降、氷期の海水面低下によって、現在のインドネシアの島々はアジア大陸の一部（スンダランド）であった。また、オーストラリアとニューギニアは一つの大陸（サフールランド）をなしていたが、スンダランドと陸続きになったことはない。前述のようにオーストラリアにヒトが現れるのは約五万年前であるが、この人々は何らかの手段で最低でも六〇キロメートルの海を越えた。定型的な船をもたなかった旧石器時代人が海を越えたのは、驚くべきことである。しかし、考古学的証拠からみて、これは例外ではない。海流等による偶発的な出来事が考えられるが、視界の範囲内であれば、竹や樹皮製のいかだなどで意図的に渡海したことがあったかもしれない。

二〇一六年にわが国の国立科学博物館の海部陽介らによって、旧石器時代の航海の可能性に関するプロジェクトが開始された。人類学者の他、考古学者や探検家など多様なメンバーがチームを組み、草船等によって台湾から八重山列島への実験的航海に挑戦している。成果を期待したい。

アメリカ大陸へのヒトの移住は、最終氷期に陸地化したベーリンジア（現在のベーリング海峡地域）を通って起きたと考えられている。その時期は、考古学的証拠からみて一万三〇〇〇年前より古くはないとの考えが有力である。約一万二〇〇〇年前にはヒトは南米最南端のティエラ・デル・フエゴに達している。ヒトは約一〇〇〇年という短期間に一万数千キロメートル以上を移動したことになる。そのような事は果たして可能だったのか。

アメリカ大陸へのヒトの移住は、従来の説より古い時代に起きたのではないか、と考える人もいる。遺伝子のデータはこの考えを支持し、アメリカ先住民と北東アジア人の間には遺伝的にかなりの差異があり、分岐年代は二万年前を超えるとの推定もある。アメリカを南下する際には、陸路よりも船（カヤックなど）を利用する沿岸経由のほうが有利であったろう。

ヒトの出アフリカに関連して今一つ大きな謎がある。それは、ヒトの移動の先々で、ほぼ同じ時期に、大型哺乳動物の大量絶滅が起きたことである。ヨーロッパからシベリアに至るユーラシア北部では、マンモス、毛サイ、オオツノジカなどが約二万年前に姿を消す。新大陸では約一万年前までに、北米のマンモスやマストドン、巨大な地上性のナマケモノやサーベル・タイガーなど、また南米のラクダ科動物などの巨大な哺乳類が絶滅している。オーストラリアでも、巨大なカンガルーやライオンに似た肉食有袋類など、大型哺乳動物の大半が絶滅した。

これらの地域はすべて、それまでヒトがいなかった新世界で、大量絶滅はヒトの渡来後の短期間に起きているようである。この絶滅を気候変動など自然現象の変化で説明する考えもあるが、場所や時期がこれだけ一致すると、ヒトの移動と無関係とは考えられまい。一般に、狩猟採集民は資源を無駄にせず、環境に調和して生活していると考えられている。人口が小さく、一度に大量の肉を必要とすることはなかった。では、出アフリカしたヒトにいったい何が起きたのであろうか。

注目すべきは、大型動物の絶滅はヒトの故郷であるアフリカでは起きていないことである。おそらく、狩猟採集民が長い期間資源となる動物と共存していた場所では、乱獲が防がれ、ヒトは自然環境にうまく適応していた。しかし、新開地へ拡がったヒトは、新しい自然環境に適応する間もなく、未知の大型動物を食糧として狩りまた好奇心や男の攻撃性、性的な自己顕示欲などの側面が表に現れたのではなかろうか。

クロマニョン人がマンモスの牙や皮で造った住居がヨーロッパで少なからず発見されている。考古学者は、一つの住居の材料として何頭ものマンモスの遺体が必要だったと推定する。このことは、アフリカを出て寒帯に拡がったヒトは、食料以外の目的で大型動物を大量に殺した可能性を示唆している。

新開地に入植したヒトによる大型動物の絶滅は比較的最近でも起きている。ニュージーランドがまだ無人島だったころ、モアと総称される飛べない大型の鳥が一〇種類も繁栄していた。中には、体高が三メートルを超えるジャイアント・モアもいた。しかし、九世紀にポリネシア系のマオリ人が渡来し、この鳥を食料として乱獲したため、数百年で絶滅してしまった。マオリ人は好戦的なことで知られる。彼らがモアを殺したのは単に大量の肉を求めるだけの目的だったのであろうか。前述のような男の暴力や自己顕示欲の側面があったのかもしれない。

†人種とは何か

アフリカを出てさまざまな気候条件に適応しつつ世界中に拡散したことが、ヒトに著しい地理的多様性をもたらした。ヒトの分布圏は極北から熱帯へ、森林から乾燥地へ、さらに低地から高山まで、地球上のおよそあらゆる地域に広がっている。動物界で、ヒトほど多様な環境の中に棲み、身体的にも多様性が高い種は少ない。このことが、「人種」という概念を生んだ。よく知られているように人種（レイス）とはヒトの身体的特徴による分類で、文化的特徴によって区別される民族（エトノスまたはエスニック・グループ）とは違う。百科事典によれば、人種は「遺伝的に伝えられる差異にもとづきヒト種の内部にもうけられる生物学的区分」と定義される（エンサイクロペディア・ブリタニカ、一九八九）。霊長類であるヒトは視覚が発達しているので、自分たちとは異なって見える他の集団に対して敏感な異族意識をもち、ときに差別するようになる。その証拠は、古く紀元前一七〇〇年頃のエジプトのピラミッド壁画である（図9）。ここに見られるように、もともと視覚的差異には皮膚色など身体特徴だけでなく髪型や服装など文化的特徴も含まれていた。

初めて身体的特徴だけでヒトを分類したのはドイツのヨハン・ブルーメンバッハである（一八〇六）。彼は、皮膚色、頭髪形、鼻形などによって、ヒトの地理的亜種に相当する五人種を区分した。コーカサス人種、エチオピア人種、モンゴリア人種、マレー人種、アメリカ人種である。二〇世紀前半の人類学では人種分類は黄金時代を迎える。学者によって、人種の数は二つから五〇以上と、恣意的な分類が提案された。最も「厳密」な分類を提唱したのはドイツのエゴン・フォン・アイックシュテットで、ヒトを三八の亜種と、それぞれに総計三七にのぼる変種（ヴァライエティ）を区別した（一九三四）。

図9　最古の「人種」分類。エジプト古代王朝のピラミッドより。左からエジプト人、アッシリア人、黒人、リビア人（E. F. von Eickstedt, 1934による）

一九六〇年代以降、古典的人種分類は科学的でないことが明らかにされ、またヒトの地理的多様性は分類とは別の方法で研究されるようになった。私は、人種分類の問題点として次の六点を挙げた（一九九七）。

第一は、人種の定義がまちまちなことである。人種は「身体的形質を共有するグループ」か、または「共通の系統の繁殖集団のグループ」なのか意見が分かれた。

第二に、「人種特徴」の問題がある。地理的に著しい差異を示す形質（皮膚色や頭髪形など）のことだが、少数の人種特徴による分類は信頼性が著しく低い。

第三は、亜種の分類は困難ということである。亜種は種（スピーシーズ）の中の分類群で、種と異なり、亜種間には稔性のある子孫が生まれる。

したがって、交雑によって形質は連続的な変異を示すことが多く、とくに移動性の高いヒトで亜種を決めることはできない。

第四は、類型学的（タイポロジカル）な考えの問題である。分類学では、新種の記載の際に一頭の完模式（ホロタイプ）標本を指定する決まりである。これと似て、生物の個体変異を無視して、純粋型（タイプ）を想定するのが類型学的発想である。生物の集団内部の多様性を否定するもので、科学的に容認できない。

第五に、人種分類の目的の問題がある。何のためにヒトを分類するのか。過去には、差別が目的で人種分類が行われたこともある。そのような目的は科学とは相いれない。

第六は、偏見や差別の問題である。植民地主義の落とし子として、ヒトの集団間の不平等を主張する「人種主義」（レイシズム）が生まれた。その典型はフランスのジョセフ・アルテュール・ド・ゴビノーで、「白人」「黒人」「黄色人種」には種々の点で甚だしい差異があり、文明の程度や美的感覚からして平等ではないと述べた（一八五三）。

二〇世紀になってもこのような説は後を絶たなかったので、ユネスコは人類学者の協力のもとに「人種概念に関する宣言」（一九五一）や「人種と人種的偏見に関する声明」（一九六七）を発表し、純粋人種や集団間の能力差を否定し、ヒトの集団間の身体的差異について厳密な境界線は存在しないと表明した。

ここで、人種差別に関して考え方の混乱があるので確認しておきたいことがある。人種だけでなく民族（文化）や男女の差別にも同様の問題がある。それは「区別」「偏見」「差別」という三概念が混同されていることである。私は、これらを次のように整理して理解している。

区別（ディスティンクション）とは、物事の間の相違を認識することで、それ自体は偏見や差別ではなく、これなしには科学は成り立たない。社会的な性（ジェンダー）の区別は必要ない場合があるが、生物学的な性（セックス）の区別それ自体は差別ではなく、医・生物学的にも有用である。

次に、偏見（プレジュディス）であるが、これは、いわば「好き嫌い」に相当する個人的な価値判断と考えたい。たとえば、「日本料理が一番だ」というようなことである。これには社会的に不適切なことがあり、とくに男女や人種・民族に関する偏見は差別につながりやすいので、教育等によってとり除く必要がある。しかし人間の感性はきわめて複雑で、個性や愛着というものがあり、教育等によっても偏見を完全に払拭することは困難であろう。

最後に差別（ディスクリミネーション）は、偏見とは異なり積極的に除去せねばならない。私の考えでは、偏見が個人的な好き嫌いの感情に近いのに対し、差別は、社会や国家ないし特定の文化（公人の発言を含む）が、差異に価値判断を持ち込んだり、偏見を認めたりすることである。これが大きな問題で、現在でも世界には人種（民族）、男女（性）、身分や職業などに関する多くの差別が存在し人権侵害につながっている。人類学者としてそれらの根絶を希望するが、文化や伝統の故にそれが容易でない場合がある（終章）。

2　地理的多様性はなぜ生じたか

†いわゆる人種特徴はいかにして生じたか

上述のように、人種という形でヒトを分類することには科学的根拠がない。生物学的人種の概念はすでに破綻したといってよい。しかし、ヒトの地理的多様性の研究が無意味だといっているのではない。ヒトの生物学的特徴に地理的多様性があることを正しく認識し、それが進化上いかにして生じたかという疑問は人類学の重要な問題提起である。

地理的多様性を示すヒトの特徴には、皮膚色、身長、頭髪形、鼻や顔の諸形態などがある。まず、もっとも目立つ皮膚色の変異について考えてみよう。皮膚には、真皮と表皮があり、皮膚色は表皮にあるメラニン（黒色色素）産生細胞の量によって決まる。

アフリカやアジア・オセアニアの熱帯地域ではメラニン色素量が多く皮膚は暗色であるが、北半球では一般に明るい色となり、特に北ヨーロッパではメラニンが最も少なく、金髪と白い皮膚、青い目のいわゆる「ブロンド現象」が見られる。このことから、メラニン色素量と太陽光線の強さとの間には相関があると考えられる。紫外線には強い化学作用があり、皮膚がんを引き起こす原因になる。メラニン色素は紫外線に対するフィルターの役割を果たし、暗色の皮膚は光線の強い地域で自然淘汰によって保持されていると推定される。

一方、適当な量の紫外線には骨の発育に必要なビタミンD産生に役立つという有用な面もある。熱帯地方では、強い太陽光線の中の紫外線から黒い皮膚が守っているが、ビタミンDの産生に必要な程度の紫外線量は維持される。しかし、太陽光が弱い高緯度地域では、ときに紫外線量の不足から子どものビタミンD産生が妨げられ、「くる病」の発生率が高まる。

わが国でも医療が発達する以前、東北地方などの農村地域の子どもにくる病が見られた。この原因は、母親が農作に出かける際に幼児を「えじこ」というかごに入れて屋内に残してゆく風習から、日光不足でビタミンD欠乏症になったためである。高緯度地域では、十分な紫外線を吸収できる明るい色の肌が自然淘汰によって増えたと考えられる。

五万年以上前にアフリカを出てインド経由でアジア・オセアニアに向かった最初のヒト（非アフリカ人）は、当然ながら暗色の肌色であったろう。現在、これらの地域には暗色の皮膚をもつ先住民が住んでいる。たとえば、インド南部のドラヴィダ系、スリランカのヴェッダ、インド洋のアンダマン島やマレー半島、フィリピンなどのネグリト、さらにニューギニアのパプア系、オーストラリアのアボリジニなどの集団である。これらの地域はアフリカ同様の強い太陽光線のもとにあり、そのためにこれらの集団は数万年前の渡来時よりずっと暗色の皮膚を持ち続けてきたに違いない。

黒い皮膚と同様に、強い太陽光線から身を守る特徴と考えられるものに短くちぢれた頭髪（縮毛）がある。頭髪の形状にはさまざまなものがあり、直毛、波状毛、縮毛に大別される。このうち、縮毛は暗色の皮膚と共通の地理的分布傾向を示す。直毛と比べて縮毛は頭部の表面に空気層を保ち、あたかもヘルメットをかぶったように過熱から脳を守る効果がある。

少し遅れて約四万年前にアフリカから北に向かったヒトでは何が起きたのか。出アフリカを果たして北方に向かったヒトでは、突然変異と遺伝的浮動によって皮膚色の変異が増大したと考えられる。現在でも北アフリカから南ヨーロッパにかけて暗色から明色まで多様な皮膚色の人々を見ることができる。太陽光の少ない北方ではメラニン量の少ない個体が有利となり、次第に増えたのではなかろうか。

最近、ウィーンの自然史博物館を見学したが、驚いたことに復元されたネアンデルタール人はブロンドだった。たしかに、中期旧石器時代の数十万年もの間ヨーロッパに住んだ彼らで、自然淘汰によってメラニン色素が減少した可能性はある。しかし、時代は最終氷期の前の比較的温暖な時期であり、ネアンデルタール人の分布は北極圏には達していなかった。つまり、極端な日光不足の環境ではなかったと考えられ、彼らにブロンド現象が起きたとは考えにくい。

現代人でブロンド現象の中心はヨーロッパ北部のバルト海地域やスカンディナヴィアである。クロマニョン人がヨーロッパに進出した約四万年前、これらの地域は現在のグリーンランドのように厚い氷に覆われ、ヒトの住める環境ではなかった。このため、クロマニョン人は主にヨーロッパ中南部に住み、ブロンドではなかっただろう。

スカンディナヴィアの氷がとけだすのは約一万五〇〇〇年前で、ヒトがこの地域に住むようになったのはそれ以後である。すると、ブロンド現象はおよそ一万年という短期間に生じた出来事と推定せざるをえない。これを自然淘汰によって説明しようとすれば、非常に強い淘汰圧力を想定しなければならない。この地域では、後氷期特有の気象のために太陽光線量が極端に少なかったことが理由になるかもしれない。性淘汰、つまり配偶者を選ぶ際にブロンドへの嗜好が決定要因となったとの「性淘汰説」も考えうる。

顔面部の特徴にも寒冷地への適応の結果と考えられるものがある。アジアの北部や極北アメリカのヒトの集団（イヌイットなど）には、顔がきわめて平坦で鼻などの突出が弱く、眼裂が狭くてあたかも眼を閉じているかのような個体が多い。極寒の気候下でこれらの特徴は自然淘汰によってもたらされたとする「寒冷適応説」がある。

これらの人々の今一つの特徴に「貧毛」がある。濃いひげは凍ってしまうと息ができなくなるので、体毛は少ないほうが有利であろう。ヒトは文化的適応手段としての衣服をもっているので、保温を体毛に頼る必要はなかった。

†ピグミー（ネグリト）問題

一六世紀にフィリピンに到達したスペイン人は、島々の奥地に背がきわめて低い他はアフリカの黒人にそっくりな原住民がいるのを見て、ネグリトス・デル・モンテ（山の小黒人）と呼んだ。その後、同じような身体的特徴をもつヒト集団がマレー半島やインド洋のアンダマン島などからも知られ、これらと中央アフリカの同様に低身長のピグミーとの関係が人類学の大きな問題になった。遠く離れた集団に低身長など同じ特徴が現れるのはなぜか？　それが「ピグミー（ネグリト）」問題である。

一つの可能性は、共通の系統に由来するというものである。かつて、アフリカからアジア・オセアニアの熱帯地帯にはきわめて小柄な「ピグミー人種」が分布していたが、後から来た大柄なヒトによって分断され、現在ではマイノリティとして孤立しているという。第二の可能性は、かれらは系統的に同一ではないが、たまたま共通の環境下で進化したため同じ表現型をもつようになったというものである。

ヒトの身長には著しい地理的多様性が見られる。東アフリカのマサイ族では背丈が二メートルを超す男が普通にみられる。一方、もっとも低身長の集団が上述のピグミーやネグリトで、成人男性の平均身長が約一五〇センチメートル（女性では一四〇センチメートル）である。身長は成長段階で食物などの環境要因の影響を受けるが、双生児の研究などから遺伝的決定度はかなり高いことが知られている。ピグミーやネグリトの極端に小柄な身体は、成長に関連するホルモンの遺伝的な変化が原因と考えられる。

一九七〇年代の中ごろ、アイヌ人の遺伝的起源に関する私の研究は一段落ついていた。古典的人種分類で人類学者を悩ませたアイヌの人々の系統発生的故郷が、風貌が似ている人々の住むヨーロッパではなく、実は顔つきが違う人々の東アジアにあったという結論に私は満足していた。当時としては最先端の手法であった血液タンパク質等の遺伝子マーカーによる集団遺伝学的研究こそ、集団の系統的起源を明らかにできると確信した私は、この方法を応用する次の目標を模索し、文献を探った。あるとき、ウィーン大学の民族学者パウル・シェベスタの『アジアのネグリト』というドイツ語の本を見つけて魅了され、「ネグリト問題」が私の次の研究対象だと直感した。

調べてみると、ルソン島やミンダナオ島などのフィリピンの島々には現代でもネグリトの人々がかなり見られることがわかった。そこで、一九七五年に予備調査としてマニラを訪れ、日本大使館の紹介で医師の越《お》後貫《ごぬき》博《ひろし》博士を紹介された。幸運なことに同氏は人類学ファンで、ネグリトの遺伝的起源を探るという私の計画に大いに興味を示され、フィリピン衛生省の支持を取り付けるなど、調査に全面的に協力された。

以後、文部省（当時）の海外学術調査という研究補助金をえて一九七八年から一九八四年までフィリピンの各地でさまざまなネグリトのグループについて集団遺伝学的調査を実施した。アイヌ人調査の班員だった三澤章吾、平井百樹の両氏も参加し、フィリピン衛生省の医師や看護婦の協力による血液採取も行われた（図10、図11）。

そのとき集められた血液から抽出したDNA試料は、現在「アジア人DNAレポジトリー・コンソーシアム」（ADRC）として、東京大学の河村正二教授のもとで有効利用されている。調査からすでに三〇年以上が過ぎ、この間ネグリトの人々には近隣集団との交流が進み、混血も増えた。その意味で、この試料にはネグリトの歴史を知る上でまたと得難い価値がある。

われわれの研究によって、それまで未知だったフィリピン先住民集団の系統関係の一端が明らかになった（図12）。それまで考古学的研究から、フィリピンには大雑把に三段階のヒトの渡来があったと推定されていた。狩猟採集民のネグリトが一番古く、ついで新石器時代以降に大陸から台湾経由で渡来したというオーストロネシア系言語の農耕民、最後に歴史時代の農耕・漁労・都市住民（フィリピノ）である。調査したネグリトの五集団（ルソン島のアエタ族、アグタ族、ドゥマガット族（アグタ族の一部）、パラワン島のバタク族、ミンダナオ島のママヌワ族）

図10　フィリピンのネグリト（バタアン半島のアエタ族）（撮影：尾本、1976年）。右端は越後貫博士。左後部の筆者の身長は178cm。

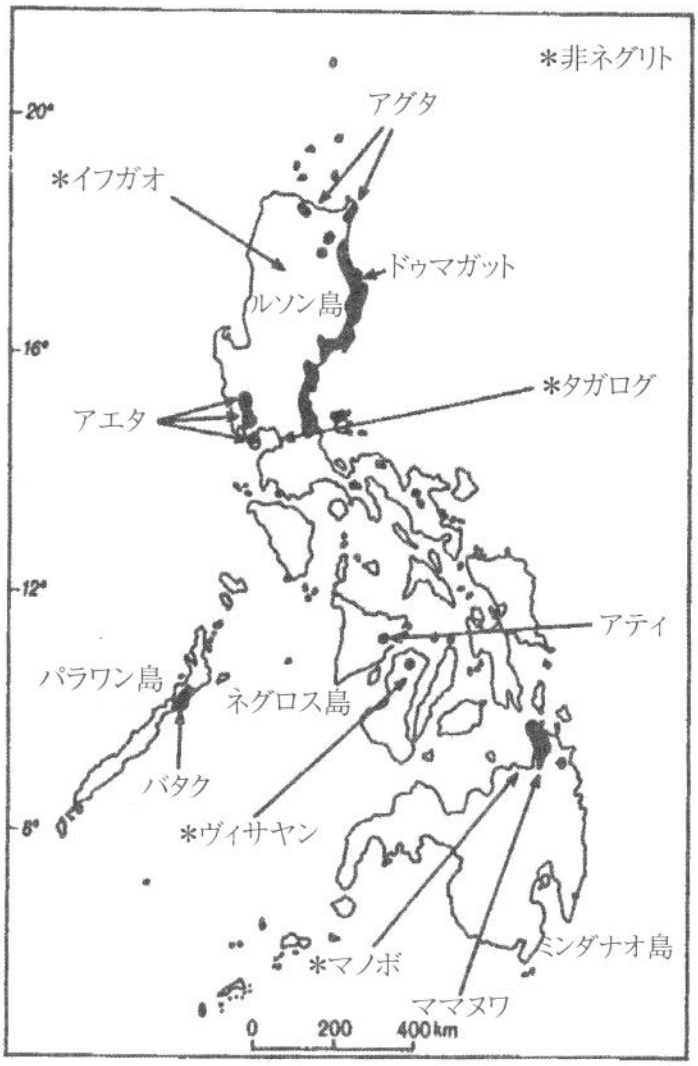

図11　ネグリトの集団遺伝学的調査（1975〜1985）の調査対象。ネグリト集団：アエタ、アグタ、ドゥマガット、アティ、バタク、ママヌワ。非ネグリト集団：イフガオ、タガログ、ヴィサヤン、マノボ。

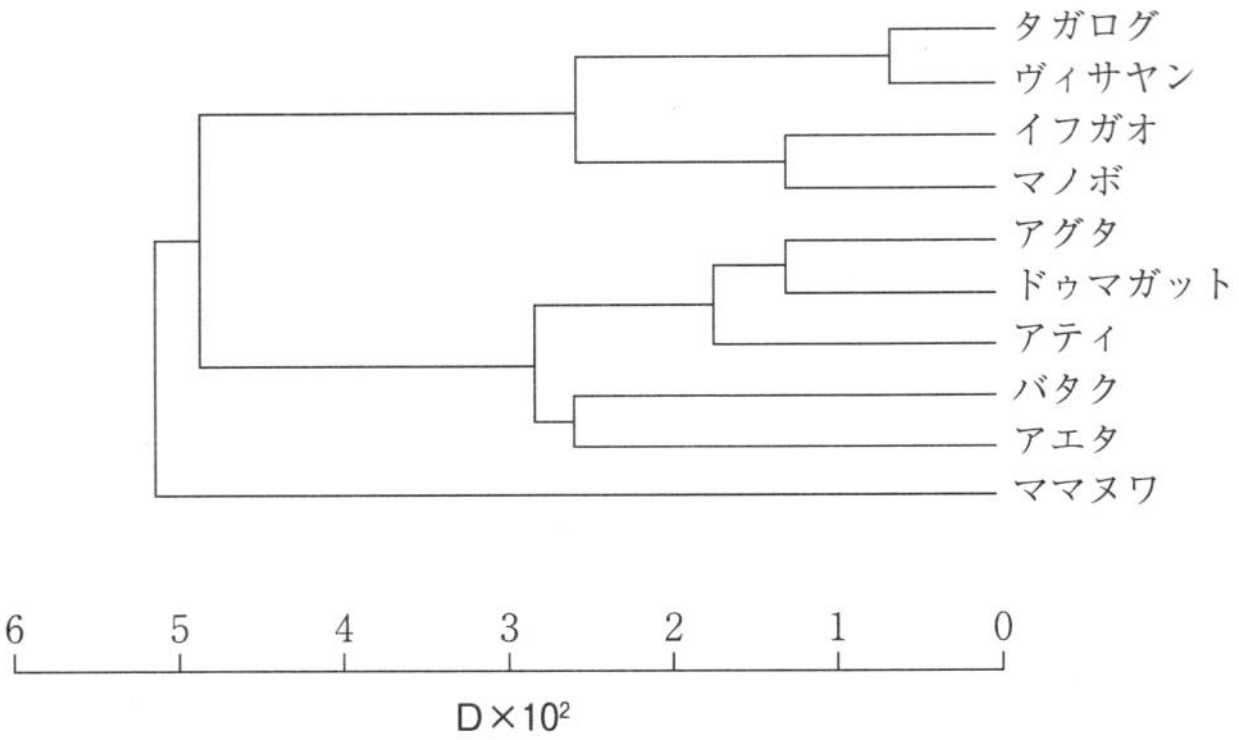

図12　古典的遺伝マーカーによるフィリピンの10集団の遺伝的系統樹。上部の4集団は非ネグリト系（タガログとヴィサヤンは都市住民、イフガオとマノボは農耕民、下部の6集団はネグリト系（ママヌワの特異性に注意）。下段のDは遺伝的距離。

は遺伝的に互いに近縁で、フィリピン最古の先住民（ファースト・ピープル）であることが確認された。

なお、先に図8で示されたように、系統樹の上でフィリピンのネグリトは疑いなく東南アジアの先住民とみなされ、アフリカ人の集団と近縁ではない。当時、イタリア出身の遺伝学者ルイジ・カヴァリ＝スフォルザによってアフリカのピグミー集団の遺伝的研究がなされていた。それによると、ピグミーは身体的な特殊性にもかかわらず遺伝子マーカーの分布では他のアフリカ人とよく似ていた。

この結果から、私はネグリト問題の第一の可能性「ピグミー人種説」を否定し、ネグリトの小柄な身体はピグミーと同じ熱帯降雨林の環境への進化的適応の結果と推定した。根拠として、利用できる食物資源が比較的少ない、年間を通じて高温・多湿である、植物が繁茂して運動を妨げるとの三点をあげた。小柄な身体はこれらすべての条件にとって適応上有利と考えられる。まさに、「スモール・イズ・ビューティフル」である（図13）。

一つ、予想されなかった結果が出た。それは、いずれもネグリト人とされていたアエタ族とママヌワ族が、血液タンパク質の遺伝子マーカーでは非常に異なり、系統樹の上でも同じグループと考えるには疑問があることである。平均身長も後者は前者より六センチメートルも高く、ネグリトの基準（男の平均一五〇センチメートル）からは

図13　スモール・イズ・ビューティフル（アエタ族の首長リック・ギャオ氏と。筆者の身長は178センチメートル。マニラにて2001年撮影）

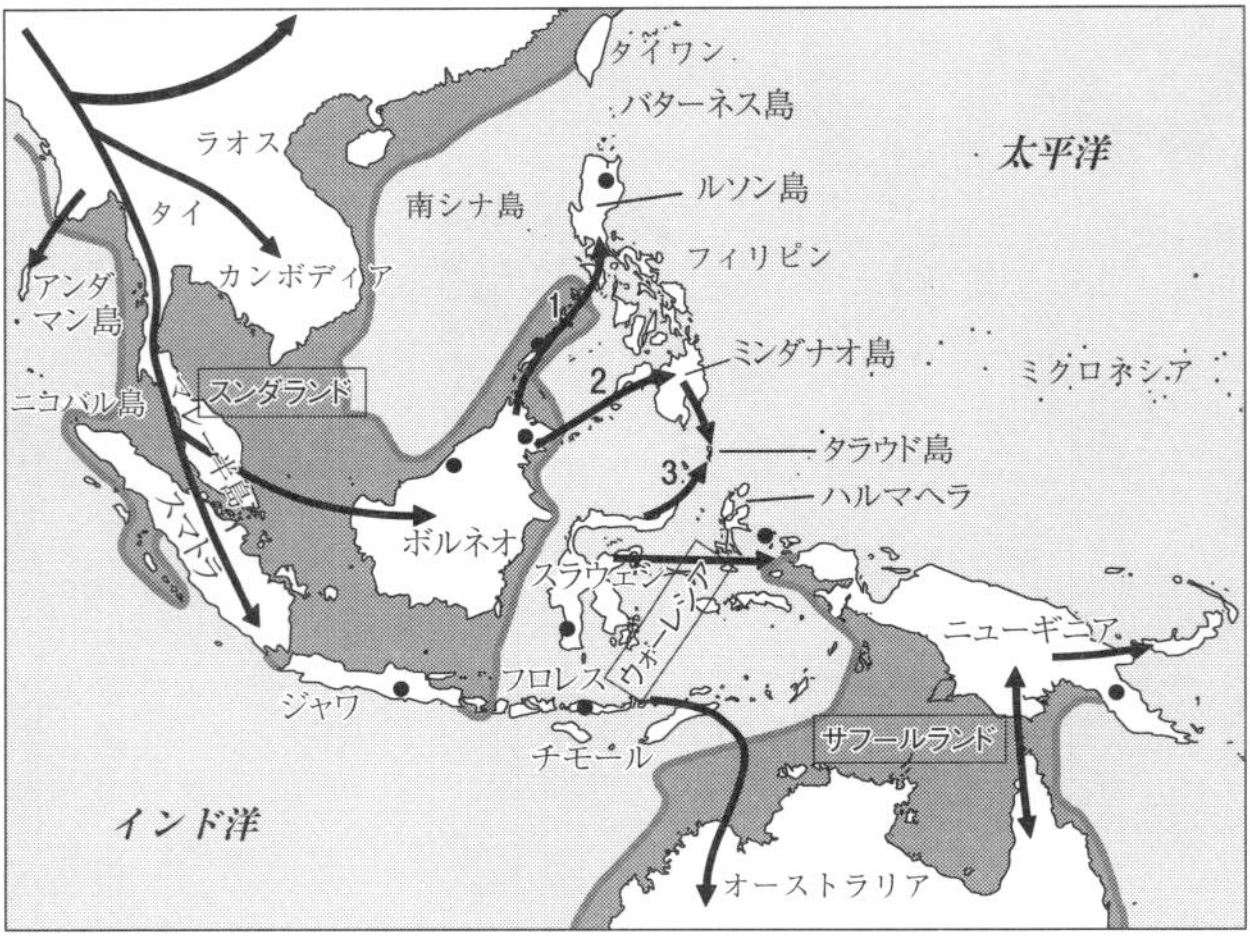

図14　後期旧石器時代には、スンダランド、サフールランドそれに中間のウォーレシアという3地域にヒトが移住した。●は重要な洞窟遺跡。フィリピンへの移住は1（バタク、アエタ、アグタ）、2または3（ママヌワ）と推定される。

ずれる。

私は、この民族が実際に生活しているところを見たいと思い、一九七八年にミンダナオ島北スリガオ州の山地に登りトヤトヤと呼ばれる地域に行ってみた。一〇〇家族ほどのママヌワ族が、山間にごく簡単な家を建てて住んでいたが、そこで私は地元では著名な一人のフィリピン人女性に出会う。リリア・カストロさんといい、アメリカで修士号をとったインテリだが、純粋に愛の精神からママヌワ族と共に住み、彼（女）らの生活を助けていた。

彼女からはいろいろと貴重な情

報を得たが、やはりママヌワ族が他のネグリト系民族とはやや異なる独特な民族集団との私の印象を裏付けるものだった。そこで、一九八四年に私はママヌワ族の起源に関する次のような仮説を発表した。なお、ママヌワ族に対する私の関心は、調査から三〇年も経た最近、全く別の機会から注目されるようになった（第七章）。

私の仮説によれば、ママヌワとアエタは系統的に異なる集団である。アエタ族は、二～三万年前の最終氷期に陸化したスンダランドで熱帯降雨林への適応進化によって小型化し、島伝いにルソン島に渡来した。一方、ママヌワ族は、ウォーレシア（ウォーレス線の東側の海域）で熱帯降雨林への適応を受けずに進化した後、北上して三～五万年前にミンダナオ島に渡来した。フィリピンの真のファースト・ピープルは、アエタ族ではなくママヌワ族である。この仮説は証明されたわけではないが、現在ゲノム解析などの最新の手法で検討されている（図14）。

第五章　ヒトにとって文明とは何か

1　文明の成り立ち

†文化と文明

一般に、「文化」(カルチャー)と「文明」(シヴィリゼーション)という用語は明確に区別されずに用いられることが多い。文化(社会)人類学の父といわれる英国のエドワード・タイラー(一八三二〜一九一七)の古典的定義でも、「文化または文明は、知識、信仰、芸術、道徳、法律、慣習その他、社会の成員としての人間が獲得した能力や習慣を含む複合的総体」で、文化と文明は区別されていない(一八七一)。しかし、生物科学としての人類学では、文化と文明とを明確に区別し、いずれもヒトの特徴と歴史に深く関係する重要な概念と考える。

第二章で述べたように、広義の文化は「遺伝によらずに学習され、伝達される行為や伝統」である。したがって、サルの「イモ洗い」も一種の文化と考えられるが、ヒトの文化は言語によるコミュニケーションや特定の集団での価値判断による信仰や慣習の選択といった特徴がある。むろん、ヒト以前のさまざまな古人類の石器や火の使用なども文化的現象である。ヒトはそれなしでは生きられないほど文化に依存している。私は、文化の起源をヒトの行動、とくに自然環境等への適応能力の一部と考えている。

では、文明とは何であろうか。専門分野によってさまざまな文明概念が使われていて、統一的定義はない。明治維新後「文明開化」といった用語に見られるように、わが国で文明は科学・技術で代表される西欧の優れた生活様式と捉えられてきた。今日でも、文化がどちらかというとローカルな風習や伝統をさすのに対し、文明はグローバルで現代人が目指すべき高度の経済的・技術的な文化と考えられることが多い。哲学者の上山春平《うえやましゅんぺい》は、文明を「ある水準以上に発達した社会の文化」と考える（一九九〇）。ここで「ある水準」とは、都市の形成および産業革命であるという。

比較文明学の伊東俊太郎は、古今東西、地球上に存在した二三の「基本文明圏」を認めている。それらには、メソポタミアやエジプトなどの古代文明に加えて、現代世界で活発な文化活動を行っている国や地域社会のそれ、たとえばヨーロッパ文明や日本文明などが含まれている（一九九七）。

わが国の縄文文化は、石器時代にもかかわらず独特の造形表現や一万年以上も続いた世界でもまれな持続性のため、近年国際的にも注目を集めている。中でも縄文時代中期（五五〇〇年前〜四〇〇〇年前）に栄えた青森県の三内丸山遺跡では、太い六本のクリ柱で建てられた巨大建造物や、複数家族が住める大型の竪穴住居をもつ広い居住地などが確認されている。一九九四年にこの発掘現場を訪れた梅棹忠夫《うめさおただお》（元国立民族学博物館長）は、思わず「これは文明だ！」と叫んだという。

同氏は、『地球時代の文明学』（二〇〇八）で次のように書いた。「文明とはシステムであり、社会の編成原理である。文化の違いは価値観にもとづくが、文明の相違は装置や制度の差異に由来する。そういう観点から全地球、全人類をながめてみる必要がある。国家や国民を超えたところに文明の単位をもとめると、ことなった像がいろいろ浮かび上がってくるはずだ。……人類文明の源流はエジプト、メソポタミア、インダス、黄河の四つとはかぎらず、アンデス文明や三内丸山もくわえられるであろう。……都市の原型はホルド（狩猟採集民の遊動的な居住集団）ではない。都市は神殿という装置をもち、都市計画という高度な制度にささえられているものなのである」。

私個人は、梅棹のように三内丸山の文化をただちに「文明」であると認めることはできない。それは、次のような理由による。

縄文時代には、定住生活やかなりの大集落がみられ、クリ、ウルシ、マメ、ヒョウタン、アサなど多くの植物が栽培されていたが、ムギやコメなど主食となる穀類等の農業はまだなかった。弥生時代の「農耕民」に対して「園耕民」と呼ばれることもある（藤尾慎一郎）。

三内丸山の巨大建造物は、六本の柱穴の発見から想像によって建てられたもので、正しい復元であるとの保証はなく、ましてや「神殿」であったと断定はできない。灯台や物見櫓であった可能性もある。ただ、わが国には長野県諏訪大社の御柱《おんばしら》の例に見られるように巨木信仰の伝統文化があり、その起源が縄文時代にあった可能性は十分にある（図15）。

オーストラリア出身の考古学者ゴードン・チャイルド（一八九二～一九五七）は、「食料採集」から「食料生産」へという生活様式の変化を人類史上の革命的転機と考え、「新石器革命」と呼んだ（一九二三）。これ以来、文明は農耕・牧畜の開始と共に始まったとの理解が一般的となった。「農業革命」という表現も用いられる。またチャイルドは、後述のように文明の条件としての「都市」の重要性についても述べている（一九五〇）。

なお、農業には、自然環境を管理する三種類の活動が含まれる（コリン・タッジ）。まず食料となる植物を住居の近くに植えて育てる園芸（ホーティカルチャー）、次いで耕地を耕して行われる「耕作」（アグリカルチャー）、それに「牧畜」（ストック・ファーミング）である。牧畜が農業の一部というのは意外かもしれない。しかし、狩猟採集民がイヌ以外の家畜をもたなかったことは先史考古学上よく知られているので、牧畜は自然の改変という意味で農業に近い。

図15　三内丸山遺跡の大型建造物

これに対して、西田正規は農業の前提となる定住生活こそ文明化への最も重要な転機であるとして「定住革命」という概念を提唱した（二〇〇七）。彼によれば、「不快なものには近寄らない、危険であれば逃げてゆく。この単純極まる行動原理こそ、高い移動能力を発達させてきた動物の生きる基本戦略である。……ある時から人類の社会は、この戦略を大きく変えた」。

意外に思われるかもしれないが、文化とは違い文明はヒトの普遍的特徴とは言えない。なぜなら、現代でもごく少数ではあるが農耕・牧畜にもとづく文明を採用しなかった「狩猟採集民」（ハンター・ギャザラー）が世界中に存在しているからである。もしチャイルド流の文明をヒトの普遍性と考えるなら、これらの人々はヒトではないことになる。

わずか一万数千年ほど前まで、我々の祖先はすべて狩猟採集民であったことを考えれば、彼（女）らは決して例外的なヒトではない。二〇〇万年たらずのヒトの歴史の中で、文明は最後の約一万年という短期間に登場し発展した特異な文化・社会的現象である。

大河のほとりなど限られた地域に定住し、農耕と牧畜を行った人々に人口増大が起こり、やがて富と権力の集中を基礎に神殿などの巨大建造物が構築され、城壁で囲まれた都市が出現する。さらに文字、カレンダー、階級制、職制、法律などが発明される。この人類史上前例のない文化・社会的システムが文明（都市文明）で、一八世紀後半からの産業革命を経て、われわれが享受する現代文明につながった。

†文明とヒトの進化

文明はヒトの進化（遺伝子の変化）の結果であろうか。一万年という時間は、ヒトの一代を二五年とみれば四〇〇世代にすぎない。このような短期間でも、偶然生じた突然変異遺伝子が非常に強い自然淘汰または性淘汰の影響を受ければ増加することはありうる。ちなみに、われわれの遺伝子に現在も絶えず低い確率だが突然変異は起きていて、個人の持つ約二万個の遺伝子のうち少なくとも二～三個は両親にはなかった型である。もし、これらの変異遺伝子に生存上の大きな利点があれば、頻度は増える。

よく引き合いに出される例は「乳糖不耐性」の遺伝子変化である。他の哺乳動物と同様に、ヒトの乳糖分解酵素（ラクターゼ）は原則として乳幼児のときのみに働き成人では活性を失う。このため、多くの成人は牛乳等に含まれる乳糖（ラクトース）を分解・吸収できず下痢を起こす（乳糖不耐性）。しかし、ヨーロッパやアフリカの一部で酪農生活のため乳類摂取が多い民族では、成人でもラクターゼの活性があり、乳糖不耐性にならない。ウシの家畜化が起きたのは新石器時代のことで、七〇〇〇年程度の比較的短期間にラクターゼ遺伝子の突然変異型が自然淘汰によって増えた結果と説明される。

前章で述べたように、ヒトのブロンド現象（金髪、白い皮膚、青い目）もヨーロッパ北部で最終氷期後の一万数千年の間に生じたと推定される。このことは、皮膚色を支配する遺伝子（数種類が知られる）に非常に強い自然淘汰または性淘汰が働いたことを示唆する。

しかし、これらの変化は、おそらく少数の個別的な遺伝子または特定の民族集団にのみ生じたもので、すべてのヒト集団に共通の行動等に影響を与えるような（たとえば大脳機能をつかさどる）遺伝子の進化は、過去一万年の間には起きていないと思う。遺伝学の常識から考え、そのような進化が起きるためには、一万年という時間は短すぎるであろう。文明は遺伝子進化の結果生じたのではなく、基本的に文化的現象と考えられる。

違う意見もある。ヒトの行動が大きく変わったのは約五万年前で、これなら相当大規模な遺伝的進化が起きたかもしれない。コクランとハーペンディングは、比較的最近ヒトに生じた遺伝子の変化を重視している。彼らによれば、アシュケナージ系ユダヤ人の歴史は一二〇〇年に過ぎないが、彼らの知能（例えばIQ値）は他の民族集団に比べて明らかに高く、大脳の機能に自然淘汰によるある種の進化が起きたためであるという。

IQ値が何を意味するのかには議論があり、ユダヤ人が優秀だなどというのは「人種主義」だと批判するのは易しいが、その前にわれわれはヒトの脳に関する遺伝子支配をもっと詳しく知らねばならない。ヒトの大脳皮質の神経細胞は一〇〇億個以上あり、それらの間の無数のシナプスによる情報伝達の複雑性を考えれば、これは難問である。

私としては、現代人の遺伝子は総体として一万年どころか、五万年前の祖先集団のそれと基本的に同じであると考えたい。約五万年前は、ヒトの現代的特性（第二章参照）がほぼ完成し、おそらく人口増大のためヒトがアフリカから世界中に拡がり始めた時期でもある。SFのストーリーとして、仮にこの時代の先祖の一人が現代によみがえったとしたら、彼（女）はわれわれの都市生活を充分受け入れることができると信ずる。

さまざまな人類の現象を相対化（絶対化の反語。ある概念を外部情報との比較・対比によって客観的に理解する試み）するために対比すべき対象は、進化上の次の三段階によっておのずから異なる。まず、ホミニン（人類）の形態や行動については、現生の大型類人猿との比較によってよく理解されている。たとえば、ゴリラ（山極寿一）、チンパンジー（西田利貞）、ボノボ（フランス・ドゥ・ヴァール）などである。ついで、ヒト（現生人類）の文化に関しては、ネアンデルタール人を含む古・旧人類との比較が必要である（赤澤威）。そして、最後に「文明人」を理解するには、「狩猟採集民」との比較が必要である。

†文明の曙？

近年、トルコ南東部のアナトリア高原で、非常に興味深い先史時代の遺跡が発見されている（本郷一美：私信）。その一つにギョベクリ・テペの奇妙な遺跡がある。発掘者のドイツの考古学者クラウス・シュミットは、これを「世界最古の寺院」と呼んだ。この遺跡からは、六メートルもの大きさのT字型の巨石が発見された（図16）。驚くべきは、この遺跡の年代が約一万二〇〇〇年前ときわめて古く、しかも農耕の証拠がないことである（アリス・ロバーツ）。

ギョベクリ・テペ遺跡は、前述の三内丸山の縄文遺跡を連想させる。地理的に遠く離れ、時代的にも差があるが、両者の間には重要な共通性がある。いずれも、温帯地域にあり、農耕開始より前に、定住的で比較的大人数の狩猟採集民の集団が巨大建造物を造っていた。ギョベクリ・テペの場合には巨石、三内丸山の場合には巨木であるが、用途は不明である。おそらく、

図16　ギョベクリ・テペ（トルコ）の巨石構築物（本郷一美氏提供）

いずれもある種の「信仰」の象徴として、大勢の人の労働で造られたであろう。ただ「神殿」という言葉は、農耕・牧畜にもとづく都市文明で用いられる用語で、西欧的な「神」の概念を想起させるので、ここで使用するのは適切でない。

少なくとも、アナトリア高原や日本列島で農業にさきがけて狩猟採集民による信仰や大規模な共同作業（労働）があった可能性がある。そこで当然、そのような信仰や労働を運営する特別の人間や階級があったのか、それなら、やはり「文明」ではないか、という疑問が起きる。後述の採集狩猟民と農耕民の比較に関する部分で答えたい。

本書では、ゴードン・チャイルドに始まる一般的な文明起源論にしたがい、文明は農耕・牧畜の開始と共に始まったと認める。単純化すれば、文明人とは「都市化した農耕民」のことといってよい。なお、新石器「革命」というと、文明の開始が突然の出来事と誤解されやすいが、そうではなく、数千年にも及ぶ前段階があったことが判っている。

最終氷期が終わった約一万三〇〇〇年前から地球は比較的温暖な間氷期を迎え、地中海東部では旧石器時代末期のナトゥーフ文化が繁栄し、野生のムギ類等を採取して農耕の前段階といえる生活が行われていた。ところが、約一万二〇〇〇年前に急激な気候変動（ヤンガードリアス期）のため気温が低下する。先史考古学者のオファー・バール＝ヨセフは、この気候変動によって野生植物の収量が低下し住民の生活様式に大きな変化が生じたため、採集（食料獲得）から農耕（食料生産）への転換が必要となったと考えている。

†古代文明と農耕・牧畜の起源

前出のチャイルドは、「新石器革命」のほかに「都市革命」についても論じ（一九五〇）、都市の条件として一〇項目（表2）をあげた（小泉龍人）。

これらの諸条件をほぼすべて備えた最古の文明は、メソポタミア（現在のイラクの一部）で、いわゆるコーカソイド系のシュメル人によって開始された。約七〇〇〇年前から、オオムギの灌漑農耕と家畜（ウシ）の使役が行われ、町造りや交易が盛んになり、粘土板に記す楔形文字が発明された。彩色土器や青銅器も使用されている。約五五〇〇年前からは、巨大神殿や支配階級、法律などを伴う都市文明が花開いたが、バビロニア、アッシリア、アッカド、ヒッタイト、エラムなど数多くの征服王朝との度重なる戦乱や森林破壊によって、土地の砂漠化と文明崩壊が進んだ（小林登志子）。

かつて、古代オリエントの「肥沃な三日月」地帯、すなわち、エジプトからパレスチナ、シリアを経てチグリス川、ユーフラテス川を下り、ペルシャ湾に至る半月形の地域が文明の単一発生地であると信じられた。ここから、インダス川や、黄河の文明に影響が及んだとの考えである。しかし、これまで世界各地でなされた考古学的研究の成果を見れば、文明の起源が単一ではなかったことは明らかである。

① 大規模集落と人口集住
② 第一次産業以外の職能者（商人、役人、神官等）
③ 生産余剰の物納
④ 神殿などのモニュメント
⑤ 知的労働に専従する支配階級
⑥ 文字記録
⑦ 暦・算術・幾何学・天文学
⑧ 芸術的表現
⑨ 奢侈品や原材料の長距離交易への依存
⑩ 支配階級に扶養された専業工人

表2　都市の条件（G. Childe, 1950による）

肥沃な三日月地帯から地理的に最も遠く離れた中米のマヤ文明を見てみよう。メキシコ東部の熱帯低地からグアテマラ高地に至る非常に多様な自然環境の中で発展した文明である。約三〇〇〇年前、この地域でトウモロコシ栽培を基礎とする定住村落と土器製作が始まった。

① 肥沃な三日月地帯（ほぼ紀元前9500年ないし8000年）
② 長江と黄河の中・下流地域（ほぼ紀元前7000ないし5000年）
③ ニューギニア高地（紀元前4500年以前）
④ メキシコ中央部（ほぼ紀元前3000年ないし2000年）
⑤ ペルー・アンデスの西側（ほぼ紀元前3000年ないし2000年）
⑥ 北米西部森林地帯（ほぼ紀元前2000年ないし1000年）

表3　農耕の開始があった6地域（P. Bellwood, 2013による）

二四〇〇年前ごろから、神殿ピラミッドを伴う都市が出現し、文字や多彩色土器などを伴う都市国家が栄え、暦や天文学が発達した。古代マヤ文明は、鉄器などの金属器をもたず「石器の都市文明」と呼ばれるほど独特で、使役用の家畜や荷車も知られていない。巨大な石造建築物がすべて石器と人力をもって作られたことは驚異である（青山和夫）。

マヤ文明は、他の中・南米の文明と同様に、先住アメリカ人が旧大陸の文明とは独立に造ったものである。その先祖は、最終氷期末の約一万三〇〇〇年前に東北アジアから北米大陸に渡った、いわゆるモンゴロイド系の狩猟採集民であった。旧世界（たとえば中国）の古代文明が何らかの方法で中・南米に伝播したとの証拠はない。

チャイルドは、彼の言う新石器革命を約七〇〇〇年前に「肥沃な三日月地帯」でムギ類の栽培によって開始された単一の出来事と考えた。しかし、その後の研究によって、栽培植物および農耕の起源が世界の数か所で独立に起きたことが明らかにされている。オーストラリアのピーター・ベルウッド（二〇一三）によれば、少なくとも世界の六地域で独立に採集狩猟民による農耕が始まったと考えられる（表3）。なお、ベルウッドは長江と黄河の中・下流地域を区別しないが、長江と黄河の文明は非常に独自性が強く、同じ起源ではない可能性が大きい。

†文明の発生は偶然か必然か

遠く離れた地域で、文化的・系統的に異なる狩猟採集民の集団によって農耕・牧畜に始まる文明が造られたとすれば、共通の動機は何だったのか。

もしラマルクが生きていたら、こう言うだろう。「狩猟民だったヒトは、いずれ時が来れば農業をはじめようとの向上心があり、努力したので必然的に農民となった」。ダーウィンなら、「狩猟民には遺伝的多様性があり、なかで農耕を選んだ個体群が選択されて人口を増やし、文明人になった」と言うかもしれない。

また、木村資生の場合、「狩猟民の中に、農耕に適した環境条件を偶然に発見して定住した集団があり、人口増大が起きた」と答えるに違いない。

冗談はさておき、文明の発生は偶然か必然かと問われれば、私は両方であると答えたい。先に述べたように、農耕・牧畜が可能となる前提として定住生活がある。先史考古学によれば、定住生活の証拠はすでに数万年前の後期旧石器時代からみられる。むろん、その頃ヒトはすべて狩猟採集民であった。

日本列島にヒトが渡来してきたのは約三万八〇〇〇年前といわれるが、すでにこのころから場所によっては定住があったと考えられる。例えば、富士山麓などで、世界的にも珍しい大規模な「落とし穴」猟が行われていたことが最近の調査で確認され、永続的かどうかには疑問が残るが定住生活が示唆される（佐藤宏之）。一万数千年前から始まった縄文時代には、すでに早い時期から定住生活を示す竪穴住居の集落があった。

周囲の自然についてすぐれた観察眼と洞察力をもっていた狩猟採集民は、遊動生活をする中で資源獲得に有利な場所を偶然みつけ、そこに定住することが普通にあったろう。定住生活は、遊動生活ではできない食料の大量保存を可能にした。

なお、熱帯地方は食料の保存に適さず、感染症が発生する危険もあるので、定住生活は意図的に避けられた。しかし、中緯度の温帯地帯で狩猟採集民が定住と植物の栽培、および家畜を伴う生活を始めたのは偶然のことであった。そして、主食となりうる植物（ムギ、コメ、トウモロコシ）があるという環境条件が許せば、長い準備期間をへて試行錯誤の結果として集約的な農耕・牧畜を開始した集団があったろう。農耕技術が決まれば、その規模は次第に大きくなり、土地の所有が始まり、人口も増えて、社会構造も変化する。そして、特殊要因の相互作用と「正のフィードバック効果」によって、文明は自働的に進行・増幅し、人口爆発をへて現代に至った。これは必然的な過程であったと考えられる。

2 狩猟採集民と農耕民

†だれが狩猟採集民か

狩猟採集民（ハンター・ギャザラー）は、食料獲得者（フォーレジャー）とも呼ばれ、周囲の自然から食料を獲得して生活する。普通、イヌ以外の家畜をもたない。

狩猟採集民はすべて遊動生活者（ノマド）との固定観念があるが、それは誤りである。①非定住で遊動生活を行う古典的狩猟採集民のほか、②定住し特定の植物の栽培（園芸・園耕）を行う者、さらに③大集落や大型建造物を造り、他地域の集団と物資の交易をおこなう「複雑な狩猟採集民」（コンプレックス・ハンター・ギャザラー）または「豊かな食料獲得者」（アフルエント・フォーレジャー）と呼ばれる集団がある。①と②の社会は外観上非常に違い、とくに③は、「文明」と混同されることがあるが、農業や都市をもたない。

狩猟採集民はヨーロッパ（とくにドイツやフランス）では伝統的な一般的呼称である。二〇一五年にウィーン大学で開催された「狩猟採集民社会会議」（CHAGS）に出席したが、この語が正式に使用されていた。一方、アメリカの人類学や先史考古学では、ルイス・ビンフォード（一九八〇）に従って狩猟採集民の代わりに「フォーレジャー」と「コレクター」を用いる傾向が強い。前者は、年間を通じて移動しながら居住地の場所と大きさを資源に対応させて調節するシステム、後者はより定住的でベースキャンプを保ちつつ専門のチームによって資源にアクセスするシステムをさす。

このモデルは、単に遊動か定住かではなく、自然環境と生業および集落の間の生態学的関係を重視するもので、最近では日本でも使われている。しかし、私などは、狩猟（ハンティング）と採集（コレクティング）という慣れ親しんだ名称を捨ててまで、ビンフォード流のフォーレジャーおよびコレクターという概念に替えることには抵抗がある。

狩猟採集民はすべての大陸に分布し、熱帯、温帯、寒帯という非常に異なる環境条件のもとでは生活様式に大きな相違が見られる。まず、熱帯地方には、非定住的な集団が多い（南アフリカのサン、中央アフリカのピグミー、アンダマン島人、フィリピンのネグリトなど）。熱帯では、乾季と雨季の差はあるものの、年間を通じて多様な食料のうち何らかが獲得できるため、原則として食物を貯蔵しない。園芸としての若干の植物栽培が行われることはある。

次に温帯の場合、定住生活が普通になったことが先史考古学によって示されている。四季があるため食料を貯蔵し、いくつもの植物の栽培も行われた。さらに、人口が増えると居住地も大型化し、前述の通りトルコのギョベクリ・テペや縄文時代の三内丸山のように大型建造物が造られることもあった。また、身分や権力を示す「威信財」や奢侈なアクセサリー等の「宝」を遠隔地との交易に用いることが始まる。

最後に、北米大陸の北極圏に住むイヌイット等は、少なくとも季節的に定住し、衣・食・住すべてをクジラやアザラシ、トナカイなど極地の動物に依存している。冬季には、雪を固めて積み上げる住居（イグルー）を造る。移動には「犬ぞり」が用いられる。低温のため食料の貯蔵は普通に見られる。

狩猟採集民と対比されるのは農耕民（ファーマー）である。農耕民という概念の基本には、単一の栽培植物を耕作し「主食」としている点がある。代表的なのはユーラシア西部のコムギ、オオムギ、東・東南アジアのコメ、南北アメリカのトウモロコシ、さらにアフリカや東アジアで雑穀として扱われるアワやキビである。ニューギニア高地では一万年近くも前にタロイモの灌漑農業があったため、この地域の人々も農耕民とされている。なお、縄文時代人もドングリを「主食」にしていたので農耕民ではないか、との質問が出そうだが、基本的に彼（女）らの食性は非常に多様で、ドングリだけを食べていたわけではなく、主食はなかったと答えられる。

長野県八ヶ岳の南方にある井戸尻遺跡（縄文中期）では焼畑による雑穀農耕が広く行われていた証拠が石器や土器の研究によって示されている。これは、縄文農耕論（藤森栄一）の根拠とされるが、私としては、これらの縄文人を農耕民と呼ぶべきとは思えない。ムギ、コメ、トウモロコシといった単一主食の集約農耕（農業）とは異なるものであろう。両文化の間には、社会組織や人口構成等に大きな相違があったと考える。

狩猟採集民対農耕民という単純な二分法（二項対立）には批判が多い。どちらともつかない例や、農耕民が最近になって狩猟採集生活を始めた集団もある。また、文明の発生を単純に狩猟採集から農耕への発展ととらえ、狩猟採集民の多様性に注目しない、古典的な考えの影響も見られる。

このように異論があることを認めつつも、本書では、狩猟採集民と農耕民という二分法が文明の起源を理解するために有効な作業仮説になりうるとの立場をとる。現代では、当然ながら多くの狩猟採集民は焼畑耕作を行い、金属製の鍋・釜から銃、あるいはマッチや懐中電燈などさまざまな「文明の利器」を手に入れている。また、ほとんどの集団で農耕民との間に混血が進んでいて、「典型的」な風貌や伝統文化をもつ狩猟採集民に会う機会は少なくなっている。しかし、そのことは起源を問題にする本書の趣旨とは関係がない。

カラハリ（南アフリカ）のサン（ブッシュマン）の研究で名高いカナダのリチャード・リーは、『狩猟採集民の百科事典』（一九九九）のまえがきで次のように述べている。狩猟採集民の一般的理解のために有益と考え、少し長いが以下に引用する。

「一般に、狩猟採集民は最近まで国家が押し付ける規律によらずに生きてきた人々である。彼（女）らは比較的小さいグループで、中央集権、軍隊、官僚制とは無縁に生活していた。しかし、事実が示すところ彼（女）らは、驚くほど巧みに生きていて、グループ内の問題を解決するのに、権力者に頼ることも暴力に訴えることもなかった。それは、一七世紀の偉大な哲学者トマス・ホッブズが有名な警句「万人の万人に対する戦い」で描き出した状況ではない。誰が見ても、生活は「不潔でも非理性的でも貧弱」でもなかった。比較的単純な技術（木、骨、石、繊維などによる）をもって、彼（女）らは必要なものを、さほど大きなエネルギー消費なしに手に入れることができた。

これは、アメリカの人類学者で社会批判を行ったマーシャル・サーリンズをして、これも有名な言葉だが、「豊かな社会の元祖」と言わしめたことである。もっとも著しい点は、狩猟採集民が非常な長期にわたり環境を破壊せずに生存し繁栄することができたということである。

現代の工業化された世界で、われわれはきわめて高い人口密度で高度に構造化された社会に生き、狩猟採集民が想像もできないような技術的贅沢を享受している。しかし、これらすべての社会には「持つもの」と「持たざるもの」があり、農・工業文明が始まってわずか数千年を経たに過ぎないのに、地球の大部分は荒廃してしまった。

したがって、狩猟採集民はわれわれに何かを、単に過去の生活だけでなく人間の未来についても、教えてくれるのではなかろうか。もし人間が技術によって生存しようとするなら、工業的・商業的な「文明」より長い期間持続した生活様式をもった仲間の人間から、長寿の秘訣を学ぶ必要があろう。オーストラリア原住民の作家・教育者であった故ブルヌム・ブルヌムが言ったように、現代の環境学は五万年もの間環境をうまく管理し保持してきた人たちから多くのことを学べるのではないだろうか」。

一方、古代より文明の拡大・発展に貢献したのは、狩猟採集民でも農耕民でもない「遊牧民」（ノマド）であったとの指摘がある（佐藤洋一郎）。彼らは狩猟採集民でも農耕民でもなく、おそらく牧畜民に由来する。彼らによる商業行為、ないし場合によっては略奪行為を含め、狩猟採集民、農耕民、遊牧民による三種類の生業のまじわりこそが文明の発達と歴史を決めた。

たとえば、黄河文明へのコムギの伝来は四〇〇〇年から四五〇〇年前のことだが、これが西から東への農耕民のゆっくりとした拡散・移動の結果と考えるわけにはゆかない。先史考古学や植物遺伝学の証拠から、この伝来が遊牧民によってきわめて短期間になしとげられたことが示されている。さらに、中国では遊牧民と農耕民の国家（皇帝）が交替するたびに異文化の混淆が起き、そのことが中国文明の文化多様性と繁栄を生んだ。

前出の『百科事典』に、現在の世界の約四〇の狩猟採集民とその分布が示されている（表4、図17）。わが国の研究者によって研究され、比較的よく知られているのは、南アフリカのサンまたはブッシュマン（田中二郎）、中央アフリカのイトゥリの森のムブティ・ピグミー（市川光雄）、西アフリカのバカ・ピグミー（安岡宏和）、東アフリカのハッザ、マレー半島のスマク・ブリ・ネグリト（口蔵《くちくら》幸雄）、フィリッピンのアエタ（清水宏）、同アグタおよびママヌワ（尾本恵市）、オーストラリアのアボリジニ（新保満）、極北アメリカのイヌイット（本多俊和）、日本のアイヌ（榎森進、瀬川拓郎）等である。

上述の四〇民族の推定人口を合計すると約七一万人で、これは現在（二〇一五年）の世界人口約七二億人のわずか〇・〇一パーセントにすぎない。表4を見ると、人口が二〇〇〇人を超えない民族がある。動物に例えては悪いが、これらは「絶滅危惧種」に相当する。南米最南端のフェゴ島のヤマナ族の状況はひどいものである。一八六〇年の調査で三〇〇〇人が認められたが、一九二九年にはわずか六三人、一九六五年の生存者は三人と事実上絶滅した。

生物多様性の危機的状況の中で、絶滅危惧種に対してはワシントン条約等で厳重な管理がな

北アメリカ	北米中部大平原のブラックフット等（155,000）、アラスカ西部の鯨漁民イヌピアット（7,000）、カナダのジェームス湾沿岸のクリー（12,000）、同ラブラドールのインヌ（13,500）、同ハドソン湾西岸のカリブー・イヌイット（5,000）、イヌピアット極北鯨漁民（5,000）等。合計約200,000人。
南アメリカ	パラグアイのアチェ（685）、コロンビアのクイヴァ（1,500）、エクアドルのウアオラニ（1,300）、ボリヴィアのシリオノ（2,000）、アルゼンチンのトバ（1,500）、フェゴ島のヤマナ（1860年に3,000、1929年に63、1965年に３）等。合計約6,500人。アマゾン川流域は不明
北ユーラシア	日本・サハリン・千島のアイヌ（24,381？）ロシア：チュクチ半島のチュクチおよびユピク（15,200）、同エニセイ河下流のエヴェンキ（29,900）、同カムチャッカ半島のイテルメン（1,431）、同サハのユカギール（697）、同クラスノヤルスク州のケト（1,113）、同西シベリア平原のハンティ（22,283）、同タイミール半島のニア（ガナサン）（1,278）、同サハリンのニヴフ（ギリヤーク）（5,000）。合計約102,000人。
アフリカ	中央アフリカ共和国、コンゴ共和国のアカ・ピグミー（30,000~40,000）、イツリの森のムブティ（15,000）、タンザニア：エヤシ湖南西のハッザ（1,000）、中央ボツワナのグイおよびガナ（コイサン）（3,000）、北ナミビア、ボツワナのジュ・ホアンシ（！クン）（15,000）、ミケア（マダガスカル（1,500）。合計約75,500人。
南アジア	インド：アンダマン島のオンゲ（1800年に3,575；現在300-400）、同ビハールのビロール（5,950）、同デカンのチェンチュ、同ニルギリ・ヒルズ、ウィナードのナヤカ（1,400）、同ケララおよびタミルナドゥのパリヤン（3,122）、同ケララのヒル・パンダラム（2,000）、スリランカのワンニヤラ・エット（ヴェッダ）（2,111）。合計約20,000人。
東南アジア	マレー半島のジャハイ（875）、同バテク（700-800）、同セマンおよびスマク・ブリ（2,500）、中国雲南省のドゥロン（4,295）、インドネシア：東カリマンタン、マレーシア、サラワクのペナン（3,200）、フィリピン：東・北ルソンのアグタ（2,240）、同パラワンのバタク（400）、同中部ルソンのアエタ（15,000）、同ミンダナオのママヌワ（8,000）。合計約38,000人。
オーストラリア	オーストラリアン・アボリジニ（238,574）、トーレス海峡島民（26,891）。合計265,465人。

表４　世界の主な採集狩猟民と推定人口（R. B. Lee & R. Daly, 1999による）

されている。一方ヒトの場合、絶滅は文化多様性の喪失を意味する大問題にもかかわらず、国連等で狩猟採集民の絶滅を防ぐ対策がとられているとは言いがたい。最大の人権問題ではなかろうか。

生態人類学者の大塚柳太郎（二〇一五）によれば、約一万年前のヒト（すべて狩猟採集民）の人口はおよそ五〇〇〇万人と推定される。八〇〇〇万人との推定（コール）もあるので、仮に七〇〇万人だったとしよう。このことは、過去一万年間に狩猟採集民の人口はおよそ一〇分の一（遺伝子についてはたぶん二〇分の一以下）に減り、反対に農耕民（文明人）はゼロから出発して七〇億倍と天文学的に増えたことを意味する。第六章で後述するように、生物にとってこのような個体数の激増は異常で、このことだけから見ても文明という現象は自然界の「不都合な真実」といえよう。

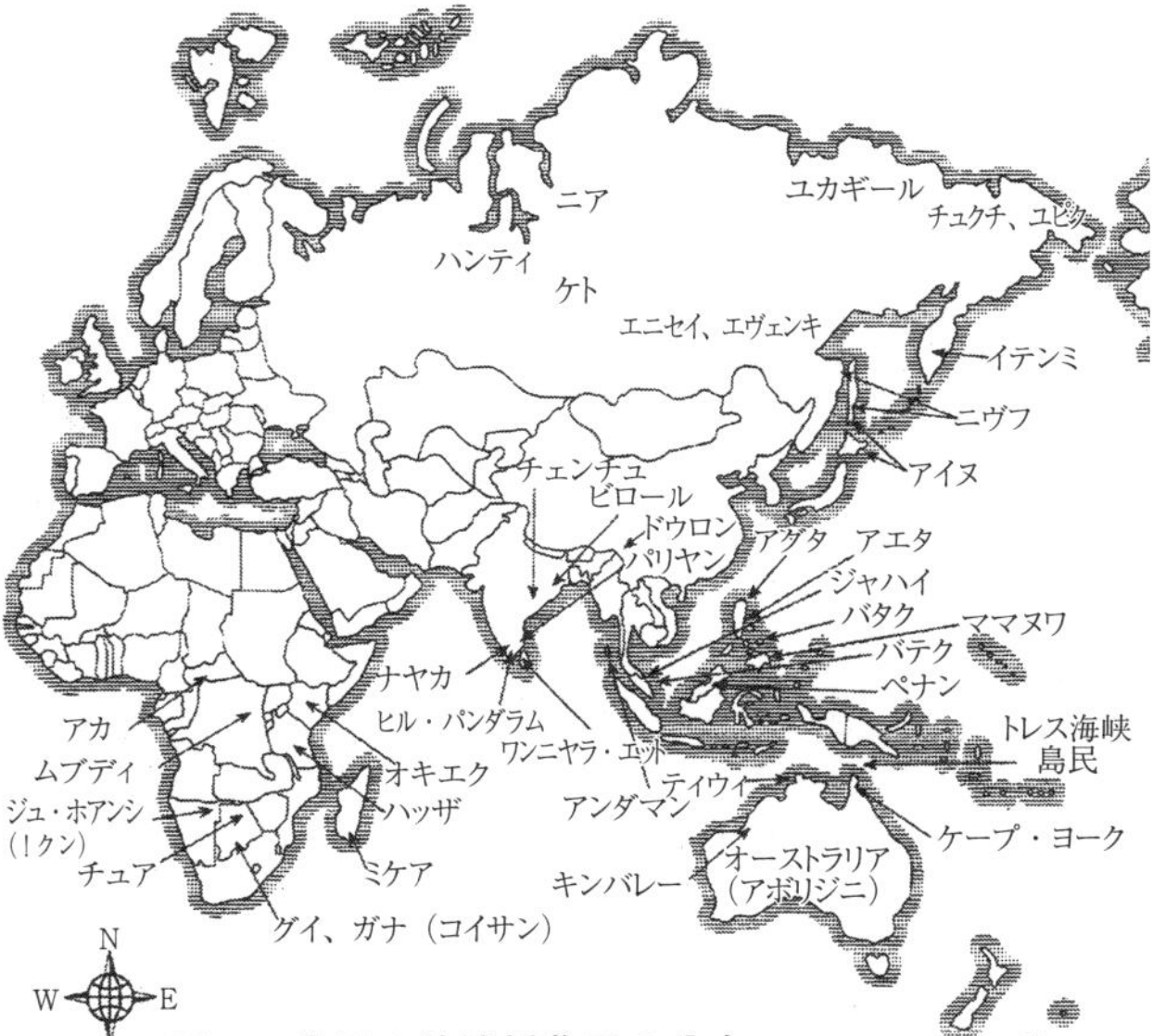

図17　世界の狩猟採集民の分布
(Lee & Daly、1999改変)

英国の文化人類学者ヒュー・ブロディは、現代人が狩猟採集民と農耕民という全く異なる生活様式をもった二つの集団の歴史によって成り立っていると述べている。彼の論点は、第一に、狩猟採集民はわれわれ農耕民由来の都市住民と「同時代人」であり、狩猟採集民がそのまま農耕民に移行・発展したとの考えを否定する。第二に、狩猟採集民が放浪者で農耕民が定住者であるとの広く信じられている俗説を否定し、反対に、狩猟採集民こそ土地との緊密な関係にある定着生活者であると考える。

農耕民は実は放浪者であって、たえず分布を拡大して「無主の土地」（テラ・ヌリウス）を獲得する過程で狩猟採集民を放逐または虐待、ときに虐殺したことは歴史的事実である。

第三に、聖書の創世記（ゲネシス）は農耕民の神話であり、ここでは狩猟採集民は無視されている。人類初の殺人（弟殺し）を犯した農夫カインが、かえって他の地に移住して一族を繁栄させるストーリーが描かれている。有名な「生めよ、増やせよ、地に満てよ」という神（ヤハヴェ）の命令こそは西欧を中心とする「文明人」の歴史を象徴的にあらわしている。この人類初の殺人の罪はいつの間に消えてしまったのだろうか。

†狩猟採集民の特徴

ここで、狩猟採集民の社会の一般的特徴について見ておこう。これらは、長年の人類学者のフィールドワークによって調べられた狩猟採集民の集団にほぼ共通に見られる特徴または傾向である。遊動狩猟採集民としては、南アフリカのサン（田中二郎）、中央アフリカのピグミー（市川光雄）、フィリピンのアエタ（清水　展）およびアグタ（T・N・ヘッドランド、ロベルタ・スーザ、テッサ・ミンター）、それに私が経験したミンダナオのママヌワおよびオーストラリアのアボリジニなどの観察等から資料をえた。また、豊かな食料獲得民としてのアイヌの人々に関する資料や私信（榎森進、萱野茂、宇梶静江）も参考にしている。

① 少数者の集団（子どもの出生間隔が比較的長い）。
② 広い地域に展開して居住する（低い人口密度）。
③ 土地所有の観念がない（共同利用）。縄張り意識はある。
④ 主食がない（多様な食物）。
⑤ 食物の保存は一般的ではない。＊
⑥ 食物の公平な分配と「共食」。平等主義。＊
⑦ 男女の役割分担（原則として男は狩猟、女は育児や採集）。＊
⑧ リーダーはいるが、原則として身分・階級制、貧富の差はない。＊
⑨ 正確な自然の知識と畏敬の念にもとづく「アニミズム」（自然信仰）。＊
⑩ 散発的暴力行為・殺人（とくに男）はあるが、「戦争」はない。＊

表5　狩猟採集民の特徴（＊豊かな食料獲得民では例外がある）

狩猟採集民の特徴として次の一〇項目をあげたい（表5）。これらは、種々の理由によって、すべての集団に必ずあるとは言えないが、定住、非定住を問わず多くの狩猟採集民にほぼ共通に見られる傾向といってよい。

①遊動狩猟採集民の場合、集団のサイズが非常に小さい。核家族がいくつか集まってホルドまたはバンドと呼ばれる数十人規模の地域集団を形成する。家族の起源については諸説あるが、私はヘレン・フィッシャー（一九八三）同様に、ヒトの家族の原点は動物（キツネなど）の「つがい」、つまり安定的な一夫一婦の形成だったと考える。

狩猟採集民では、離乳時期が遅いた

め出生間隔が三〜四年になることもあり、人口増大が抑えられている。農耕民では離乳が早められ、結果として人口が増える。理由として一つ考えられるのは、農作のため女性の労働力が大いに必要とされたことがある。狩猟採集社会では、男に比べて女性の労働力が特に過重であるとはいえない。

②狩猟採集民の集団は広い地域に分散していることが多い。リーによれば、カラハリ砂漠のサン（ブッシュマン）の例では、一平方キロあたり〇・六人程度と推定される。私は、ミンダナオ島北部の山中でママヌワの人々の暮らしぶりを観察したことがある。見晴らしの良い場所から見渡すと、山々のあちらこちらに簡単な住居がポツリポツリと点在していて、家と家との間隔は一キロメートル近くになることがあった。

縄文文化については、わが国の先史考古学者によって詳しい人口研究がなされている。遺跡から推定される縄文人の人口には時代的に増減があり、本州で人口が最多だった縄文前期（七〇〇〇〜五五〇〇年前）には数十万人の規模で、次の中期（五五〇〇〜四四〇〇年前）に激減したがなお数万のオーダーであった（小山修三、鬼頭宏）。縄文人の人口密度は狩猟採集民としては非常に高く、豊かな食料獲得者の資格は充分である。

③狩猟採集民の非常に重要な特徴は、農耕民では当たり前の「土地所有」の観念がないことである。土地は個人が所有するものではなく、みなで「利用」するものである。この点が文明

人の植民者との大きな違いで、悲劇的な結末を生む原因となった。一八世紀、オーストラリアにやってきたイギリス人の初期植民者は、土地というものは「個人が利用するために所有」され、究極的にはヴィクトリア女王の所有物であると主張し、アボリジニの居住地を収奪した。

④食べ物についての重要な特徴は、「主食」がないことである。ムギやコメ、トウモロコシなど単一種の主食があることが農耕民の特徴で、狩猟採集民の食事の内容ははるかに多様で、採れたものは何でも食べる。狩猟採集民の社会に栽培植物がないわけではない。定住の度合いに応じて、イモやマメ類、バナナなどを園芸栽培している(弥生の「農耕文化」に対して、縄文の「園耕文化」という)。縄文文化の場合、栽培ないし管理されていた植物にはクリ、ウルシ、アサ、エゴマ、ヒョウタン、マメ類、など多数ある(工藤雄一郎)。

DNA検査で興味深い結果がえられたのは、三内丸山遺跡のクリである。この遺跡から多く出土するクリはたぶん栽培されていた。なぜなら、野生のクリに比べてこの遺跡のクリはDNAの遺伝的多様性が低いからである。野生種には一定の割合で遺伝的多様性が見られるが、栽培種ではその割合が低いことが理論的に推定される(佐藤洋一郎)。

⑤狩猟採集民、とくに遊動集団では原則として食物を保存せず、毎日新しく採って食べる。温帯地域の豊かな食料獲得民である縄文人の場合、地面に穴を掘って大量のドングリを保存していた。アイヌの人々のように川に大量に遡上してくるサケを干物に、動物の肉も干し肉にし

て保存することがあったと考えられる。食物の保存には定住生活が必要だった。⑥非常に重要なことは、食物の均等分配である。これは原始共産制社会と呼ばれる根拠となった。遊動性集団では、食物に限らず、「平等主義」が徹底していて、何でも平等に分配する。個人の「財産」という観念が皆無または希薄である。

食事をとるときは、グループの老若男女が全員で「共食」するのが通例である。「孤食」は原則としてありえない。食事は、単なる栄養補給ではなく、人間関係を強化するための重要な社会的行為である。この当然の事実を現代の文明人は忘れている。

あるとき、ミンダナオ島でママヌワの人たちに日本を紹介する話をした。親が忙しくて家族そろって食事をとれない場合が多いと、こんな例をあげた。「夕方おそく、子どもが塾（学校）から帰宅すると、テーブルの上に母親のメモ「冷蔵庫に入っている皿の食事を電子レンジで温めて食べなさい」とある。慣れっこになっている子どもは、テレビを見ながら一人で食事をとる」。この話をしたとき、ママヌワの人たちから驚きと軽蔑の声があがった。

狩猟採集民の特徴のうち⑦以降は難しい問題を含んでいる。まず⑦男女の役割分担についてである。今日、講演などで「男は狩猟、女は育児」などと言おうものなら、激しい批判を受けるのは必至である。むろん、この役割分担が現代社会でも通用すると考えるのは、「政治的に正当」（ポリティカリー・コレクト）ではなく、不適切である。

しかし、狩猟採集民でこのような男女の分業があることは、進化の過程で選択されたヒトの行動上の基本的特徴の一つと考えられる。いうまでもなく、生物学的な性（セックス）と社会的性（ジェンダー）とは区別して考えねばならない。前者の場合、性別は染色体レベルの遺伝的相違にもとづき、少数の遺伝子に由来する一般的な集団間の差よりはるかに大きな差異である。事実、脳の性差は疑いなく存在する（サイモン・バロン＝コーエン）。一方、後者では「男女平等」は正しいが、それは政治的正当性による。

狩猟採集民で「男は狩猟、女は育児や採集」という分業があることは、民族誌のほぼ一致した意見であり、一万年前以前のヒトの進化の過程でそれは適応的だったと推定される。一般的に、男女（むろん生物学的な性別）の間には身体的にも行動上にも遺伝的に差異があり、その差異にもとづく分業が狩猟採集社会の生活にとってはもっとも力を発揮できたのであろう。これは本能的行動の一部になっていた可能性が高い。男女それぞれが、得意な分野を分担して共同生活を行った狩猟採集民こそ、最初の「男女共同参画社会」を造った。男女差別が顕著となるのは農耕民の段階からである。

⑧次に、狩猟採集民にはリーダー（首長）はいるが身分や階級はない、という点はどうであろうか。一人のリーダーの存在は、動物社会に広く見られる普通の行動と理解できる。一方、三内丸山のように巨大建造物があると、大勢の人の労力が必要で、それを組織・監督するため

階級制があった「はず」という意見がある。しかし、階級制（クラスやカースト）がなくとも、リーダーとして皆を束ねてゆく有能な男が選ばれていて、個人主義より相互扶助が重んじられる社会であれば、階級制がなくとも大きな共同作業が可能であったのではなかろうか。

萱野茂（私信）によれば、アイヌのリーダーは「グループ全員のことを考える」、「雄弁である」、さらに「自分の考えをはっきりと言う」という三つの条件によって評価・選抜されたという。一般に狩猟採集民のリーダーは世襲制ではなく、グループの長老などによって選ばれる。グループの成員に何らかの不祥事が起きたときにも、この長老たちによって追放等の判定が下される。

⑨宗教的思想に関しては、狩猟採集民の「アニミズム」と、多くの文明人の「一神教」とは極端な対比をなす。アニミズム（自然信仰）は、動・植物はおろか山、川、石など、無生物をも含む自然界の万物に精霊（神）が宿ると考える。日本流の言い方では八百万《やおよろず》の神である。ヒンドゥー教や古代ギリシャに代表される文明化・シンボル化された「多神教」とは異なり、自然そのものに対する「理解」と「畏敬の念」の現れであり、むしろ環境に適応するための本能行動の一種ととらえられよう。歴史上、多くの文明が一神教的思想の結果として崩壊したことは周知のことである（安田喜憲）。

アニミズムと一神教とは同時代的であり、むろん優劣を云々するべきではないが、ヒトの進化史からみれば宗教の原型は前者だったろう。アニミズムは、無神論ないし原始宗教とみなされることが多いが、それは「未開」（野生・野蛮）から「文明」へという進歩史観の影響を受けた考えである。

なお、豊かな食料獲得民にはアニミズムとシャーマニズムの両方の性格をもつものが見られる。このような文化の起源については検討する必要がある。

⑩狩猟採集民の暴力や戦争については議論が絶えない。縄文時代に殺人や、たぶん人肉食があったことは事実である。私自身も、縄文人で石鏃《せきぞく》が深く刺さっている骨や、肉をそいだ痕跡を実際に見ている。しかし、これらは個人間の争いや、飢えのための偶発的または儀礼的な食人であった可能性が高く、集団間で組織的に行われる戦争ではない。

ローレンス・キーリー（一九九六）は、北米の平原インディアンにおける大量殺人の考古学的証拠や、パプア・ニューギニア高地のダニ族などで現代でも行われる部族間の「戦争」の例をひいて、ヒトがもともと平和だったという考えは神話であると反対している。しかし、私が知る範囲では、これらの集団はすべて農耕民か、あるいは豊かな食料獲得民であり、古典的（遊動的）な狩猟採集民ではない。

豊かな食料獲得民の戦争としては、アイヌ民族が和人に対して起こした「シャクシャインの戦い」（一六六九）などの例がある。これは、交易を巡る不平等に端を発する集団的武力衝突で、アイヌ人がすでに交易によって和人文化を大いに取り入れていて、この戦いは内容的には文明人の戦争と実質的に同様である（終章参照）。

戦争の条件の一つに武器製作の問題がある。仮に狩猟採集民が戦うなら、日常的に使っている狩猟具としての弓矢（毒矢を含む）や槍を使うであろう。しかし、集団としてあらかじめ戦いを意図し、専用の武器を造って戦うなら、それは立派な戦争である。縄文人は狩猟用以外の武器（石鏃）をもたなかったが、農耕民の弥生人には特別の形と重量の石鏃があり、鎧を打ち抜くほどの威力をもつ戦争専用の武器だった（佐原真による）。弥生文化に見られる高地性集落や環濠集落は農耕民（文明人）の典型的な戦争の証拠である。

†縄文文化と「北太平洋沿岸文化複合」

このように見てくると、遊動的（古典的）狩猟採集民と豊かな食料獲得民とでは、行動や文化において大きな相違があることがわかる。

かつて、縄文時代には人々は平等で階級はなかったと信じられていたが、考古学者の小林達雄は、縄文時代に「奴隷」がいたとしてもおかしくないと衝撃的な主張をした。例えば、晩期（三二〇〇〜二三〇〇年前）の青森県亀ヶ岡遺跡の「母子合葬」が、実は母と子ではなく身分の高い子どもと女奴隷の合葬ではないか、という（山田康弘）。

縄文文化と環境や生活様式の点で類似点があるアメリカ北西海岸の先住民（豊かな食料獲得民）では、貴族、平民、奴隷という一種の階級制が見られる。ただし、これらの「階層」（ストラータ）が農耕・牧畜社会ないし都市文明社会の「階級」（クラス、カースト）と違う点は、それほど閉鎖的・排他的でなく、階層間の移動がある程度可能なことである。奴隷についても、文明社会のように固定的なものではない（渡辺仁）。

北太平洋沿岸のグループにはアイヌやシベリアの文化が含まれ、漁労とくにサケ・マス漁への依存性など縄文社会との類似性が見られる。これらの社会の比較を通じて、自然人類学者の渡辺仁は「縄文式階層化社会」という概念を提唱し、わが国の先史考古学に大きな影響を与えた（二〇〇〇）。これによれば、縄文社会の基盤構造は富者層と貧者層の分離による階層性であったという。

渡辺の推定は、①縄文土器の分析および②縄文人男性の狩猟における生業形態の分析によっている。縄文土器は世界的に最古級であるだけでなく、形の多様性の豊富さで抜きん出ている。また芸術的見地からも高い評価をえていることは、岡本太郎や土門拳に激賛されたことからもうかがえよう。

また、火焔土器などでよく知られているように、中には驚くほど洗練され、または「異形」で、単なる煮炊きなど日常的用途としては考えにくいものがある。渡辺によれば、このような高度装飾土器の存在は、それを評価する価値体系を前提とし、地域社会の上層に属する「非常勤の専門家」によって作られ、同じく上層の政治的指導者たちによって保有または管理された一種の財産であったと推定される。いいかえれば、縄文土器工芸は富者（上層）と貧者（下層）が分化する「階層社会」の象徴であるという。

ついで渡辺は、「縄文社会には、男の職業が誰でも同等に狩猟者になりうるとはみなし難い点がある。それを代表するのがクマ猟とカジキ漁である」と書く。縄文時代にクマ（本土のツキノワグマまたは北海道のヒグマ）は積極的・本格的な狩猟対象で、食料とするほか、犬歯（牙）の加工等が行われた。しかし、槍ないし弓矢によるクマ猟は北方狩猟採集民の間でも最も危険かつ困難な狩猟とされる。クマ猟師は最高の伝統的技術・儀礼を身につけた第一級の猟師で高い尊敬を受け、他の獣類の猟師とは別格に扱われた。

一方、大型の魚カジキは口吻が槍のように突き出ていて、縄文人の銛漁はきわめて危険で、高度の技術的伝統があったはずである。これは、単なる食用のみを目的とする漁労ではなく、男性の威信を示す経済活動として行われた。そのような特殊化した伝統を創り支えたのは、階層化した地域社会の上部層、すなわち狩猟系の人たちであったろう。

このほか、縄文社会には交易によって手に入れたと考えられるヒスイやオオツノガイ等の加工身体装飾品をはじめ、珍しい、贅沢な工芸品が見られる。これらも、誰でもがもちうる品物ではない「威信財」（プレスティージ・グッズ）で、地域社会の上層部にいる者が所有していたともいわれる。

私は、渡辺の富者（上層）と貧者（下層）という表現にはなじめないが、縄文時代人の社会がある程度の階層社会であった可能性を認めたい。しかし、縄文時代に文明（都市化）社会のように、貧者が生活困窮者になるような格差があったとは信じられない。

豊かな食料獲得民は、日本のアイヌや縄文時代人、サハリンや極東ロシアの先住民（ギリヤーク、ニヴフ等）、アメリカ北西部海岸地帯の先住民（ハイダ、トリンギット、ヌートカ等）である。これらの民族は、地理的に太平洋北部のおよそ北緯三〇度から五〇度の間の沿岸地帯に分布し、共通の生態学的環境のために生活様式にも類似する点が多い。

日本列島と北アメリカ西岸の自然条件は驚くほど似ている。ほぼ同じ緯度の温帯ないし亜寒帯で、寒・暖海流の混じりあう豊かな海と、背後の深い森、そしてサケ・マスが遡上する川の三点セットがそろっている。

文化的には、上述の豊かな食料獲得民としての特徴のほかに、巨木文化（三内丸山の大型建造物や諏訪の御柱、北米西海岸のトーテムポール）、豊富な威信財や交易用の奢侈品（ヒスイなど）、階層社会や場合によっては奴隷の存在を考慮しうる（古代には、奴隷は戦争の捕虜だった）。

北太平洋沿岸部に、異なる民族的由来の豊かな食料獲得民が、類似した環境条件のもとで

「北太平洋沿岸文化複合」と呼ぶべき高度に複雑化した文化を共有しているのは興味深い。

第六章　現代文明とヒト

1　地球史の中のヒトと文明

†ゴーギャンの問い

七〇歳のとき、大阪で勤めていた大学を退職して東京に戻ったが、縁があって総合研究大学院大学（総研大）の葉山キャンパスにシニア研究員として通うことになる。そこで目についたのは、研究室の壁いっぱいを占める大きな絵だった。一九世紀末にフランスの画家ポール・ゴーギャンによって描かれた、彼にとって理想郷の南太平洋タヒチ島をモチーフにした有名な絵（むろん複製）である。変わっているのは画面に「われわれはどこからきたのか」、「われわれはなにものなのか」、「われわれはどこへ行くのか」という三つの問いが記されていることである。

この絵が生命科学の研究機関の壁を飾っていることは偶然ではない。ゴーギャンは、まるで人類学者のようである。これらの問いに答えることは、人類学だけでなく人間を扱うすべての学者の目的そのものといってよい。前の二つの問いに関しては、すでにある程度の答えがえられている。しかし、三番目の問いに対しては、まだだれも正確に答えることができないでいる。

宇宙の始まりといわれる大爆発(ビッグ・バン)はおよそ一三八億年前に起きたといわれる。地球の年齢はざっと四五億年、生命が生まれたのはおそらく四〇億年近く前のことである。多様な動物が出現したのは約五億年前、一億ないし二億年前に繁栄した恐竜は約六六〇〇万年前に絶滅し、以後は哺乳類や鳥類の時代になった。

地球上には一〇〇〇万、あるいはそれ以上もの生物種がいると推定されている。この驚くべき多様性こそ、生物の特異な点である。これらの生物はみな、それぞれの生息環境に適応しながら進化してきた。適応できずに絶滅した種は生き残った種よりはるかに多く、莫大な数に達したであろう。現代文明が引き起こした環境破壊によって、毎日数百種もの生物が絶滅しているといわれる。しかし、ヒトという種だけは、例外的に個体数の著しい増加を続けている。

ギリシャの哲学者プラトンは、紀元前三五〇年代半ばから八〇歳で死去するまでに書いた『法律』の中で、「アテナイからの客人」（プラトン自身と考えられる）に次のようなことを言わせている。「すべての事物は、現在、過去、未来を通じて、あるものは自然によって、あるものは人工（技術）によって、またあるものは偶然によって生ずる。……それらの中で最大最美のものは、自然と偶然とがつくりだすもので、技術（人工）がつくりだすものは、これより小さい」。二〇〇〇年以上前の大哲学者の発言は、今日どう理解すればよいのであろうか。

自然と人為（人工ないし技術）の対立は比較的明白である。現代文明に最大の影響を与えた西洋の近代科学は、ルネ・デカルト（一五九六〜一六五〇）の有名な命題「われ思う、ゆえに、われ在り」（コギト・エルゴ・スム）に象徴される。これは、プラトンの考え方とは逆で、人間は理性による論理的な思考によって、自然の法則を決めることができるという意味であろう。人間の思考が自然に優先する、したがって、人間が地球を支配するのは当然であるという。しかし、この考えこそ、人間と自然を決定的に分けるという「思い上がり」を招き、今日の自然破壊の遠因となったものではなかろうか。

なお、当然ながら、デカルトがいなかったとしても、また仮に人類が絶滅したとしても、地球・自然は存在し続けるであろう。フランスの著名な社会人類学者クロード・レヴィ＝ストロース（一九〇八〜二〇〇九）の次の言明は、すこぶる含蓄に富んでいる。「世界は人間なしに始まったし、人間なしに終わるだろう。制度、風俗、慣習など、それらの目録を作り、それらを理解すべく私が自分の人生を過ごして来たものは、一つの創造の束の間の開花であり、それらのものは、この創造との関係において人類がそこで自分の役割を演じることを可能にするという意味を除いては、恐らく何の意味ももってはいない」（一九七七）。

われわれは、人為の頂点といえる文明によってもたらされた物質的繁栄や生活上の便利さに慣れ親しんでいるが、喜んでばかりはいられない。文明は、生物の適応という負のフィードバックに頼る自然のありかたから見れば矛盾としかいいようがない現象である。文明は地球史の中の「不都合な真実」なのであろうか。

次に偶然について考えてみよう。生物科学の分野で国際的にもっとも影響力のあった日本の学者といえば、木村資生《もとお》（一九二四～一九九四）が有力候補の一人である。彼の「分子進化の中立説」は、それまで自然淘汰万能の進化論（ダーウィニズム）が支配していた進化学・遺伝学に反旗を翻した。

木村によれば、大多数の突然変異は中立的、すなわち適応上有利でも不利でもないので自然淘汰とは関係がない。突然変異遺伝子が残存し、やがて固定（頻度が一〇〇パーセント）に至るのは、もっぱら偶然による。ダーウィニズムが「適者生存」（サヴァイヴァル・オブ・ザ・フィッテスト）というメッセージを与えるのに対して、木村の中立説では「幸運者生存」（サヴァイヴァル・オブ・ザ・ラッキエスト）となる。この説は、はじめ世界の学界から激しい批判を浴びたが、一五年後には反論はほぼなくなり、一九九二年に木村は皮肉にも英国の権威ある「ダーウィン・メダル」（進化生物学のノーベル賞に相当）を授与された。

考えてみれば、木村は日本人ゆえに偶然という現象を抵抗なしに受け入れたのではなかったか。西欧では、物事には必ず「原因と結果」という因果関係があり、偶然などという現象はほとんど意味を持たないと考えられていた。たぶん、一神教（ユダヤ・キリスト・イスラム教）の影響によって、すべての現象には原因としての「神」があるとの考えが人々に染みついていたからであろう。前述のプラトンの命題によれば、キリスト教以前のギリシャでは偶然が重要な意味をもつと信じられていたことがわかる。思想史上、興味深い。

†適応とは何か

適応（アダプテーション）は、生物が生きてゆく上での原理で、ダーウィンの自然淘汰による進化論の説明に用いられる概念である。ある生物が環境に適応しているということは、若干の増減はあっても個体数がほぼ一定に保たれている状態をさす。つまり、ある環境のもとで「適者生存」という原理によって、環境条件が変化しないかぎり集団に残る個体と失われる個体とがほぼ同数いるということである。有性生殖をする動物では、仔や卵がいくら多数生まれたとしても、そのうち平均して二頭だけが生き残って親になるなら、適応しているといえる。

さまざまな生命現象で恒常性（ホメオスタシス）が保たれる仕組みには、「負のフィードバック」というシステムが関係している。これは、物事の「原因」が生む「結果」が、「原因」に対して抑制的に作用することを意味する（サーモスタット付きの湯沸かし器を考えよ）。個体数が一定に保たれるという生物集団の適応も、根底にこの原理がある。

逆に、もしも「結果」が「原因」に対して促進的に作用する場合、恒常性は破られ、変化は一方的に進行することになる。これは「正のフィードバック」である。自然界で、生物は基本的に負のフィードバックによってさまざまな恒常性が保たれ、環境に適応している。しかし、環境に変化（たとえば気候の温暖化）や食料の獲物が豊富になると、個体数は増えるだろう。一時的に正のフィードバックが働いた状態と考えられる。

もし生物に目的があるとすれば、それは「個体の維持」と「種の保存」である。両者とも、基本的に負のフィードバックによる「現状維持」を必要とする。しかし、個体の「成長」とか集団の「増大」といった定常状態からの変化については、正のフィードバック機構の関与が考えられる。

なお、一般に進化は時間とともに遺伝子頻度が変化する現象だが、原因となる突然変異が自然淘汰上有利であれば新たな適応状態に遷移する。しかし、すべての進化が適応進化とはいえず、良くも悪くもない中立性突然変異の偶然の挙動によるものも多い。進化と進歩を混同してはならない。絶滅や適応不全も進化の結果である。

自然界では、持続的な正のフィードバックは例外的な現象である。ガン細胞の異常増殖や、イナゴの大発生等はその極端な例と考えられるが、やがてエネルギー源や餌となる草を食いつくして、細胞または個体は死滅する。つまり、持続的な正のフィードバックは反適応的現象である。文明下のヒトの人口増大もこの例外的な現象ではないか。

文明は、自然が行う宇宙的「実験」の一つと想像することもできる。実験には試行錯誤がつきもので、かならず成功するという保証はない。「世界各地の砂漠や密林に散らばる巨大遺跡の数々は、進歩という罠の記念碑であり、みずからの成功の犠牲になった文明の墓標である。かつては壮大で、複雑で、栄華に輝いていたそれらの社会の命運こそ、私たち自身にとって最良の教訓であろう」（ロナルド・ライト）。自然を捨てて文明を造ったヒトという生物の存在こそが、宇宙的実験の対象かもしれない。

天文学者によれば、宇宙には生命が存在する可能性をもつ何万もの星があるという。これらの中には、生命がさまざまな段階にまで進化しているものや、消滅してしまったものがあろう。われわれの住む地球は、たまたまヒトという生物を産んだため、文明という特殊な世界が支配する星になった。ヒトの実験はどのような結末を迎えるのだろうか。

†進化の四段階説

英国の進化生物学者でユネスコの初代事務局長を務めたジュリアン・ハックスリー（一八八七〜一九七五）は、進化に次の四段階を区別した（一九六四）。「宇宙の進化」「生物の進化」「人類の進化」「自己規制する進化」である。第一の進化は物理・化学の法則に、第二の進化はダーウィンの自然淘汰説にしたがう。第三の進化は、他の動物にはない「文化による適応」をする特殊な生物としての人類の進化である。そして、彼の独創的な点は、第四の進化段階として人間の「自己規制」能力の可能性に期待したことである。

彼が重視した自己規制は、第一に人口増大を阻止することであった。しかし、同時に彼は当時の学界ではまだ信じられていた「優生学」を支持しており「イギリス優生学会」の会長を務めたことがある。英国の上流階級（ジェントルマン）の知識人として、彼も優生学や人種主義的傾向から逃れられなかった。

また彼は「超人間主義」（トランス・ヒューマニズム）を主張する。彼の期待は、人間主義（ヒューマニズム）が進化論の知識をえて発展し、全人類に拡がって信じられることであった。さらに彼は、ヒトという生物種が地球の歴史上はじめて「自分自身を超越」する可能性をもつ存在になったことから、未来にむけて人間を身体的・精神的に改造することを考えていた。それは、現代の科学技術による人間改造、たとえば、デジタル化社会、人工知能やサイボーグといった分野を予見するものであった。しかし、彼は進化（自然）と進歩（人為）を混同するという過ちを犯していた。

†ヒトの人口増大

ＤＮＡの研究から、ヒトの遺伝子多様度はチンパンジーと比べて低いことが判っている。このことは、ヒトの進化の過程で個体数が大型類人猿のレベルより少ない時期があったことを示唆する。可能性の第一は、約二〇万年前に生まれたヒトの祖先集団の個体数が、もともと少なかったというものである。ヒトの祖先は、何種類もいたに違いない古人類から分かれたごく小さな集団であったと考えられる。おおざっぱな推定値としては、五〇〇〇ないし一〇〇〇〇程度の個体数が推定されている（大塚柳太郎）。

第二は、ある時期に何らかの理由でヒトの個体数が激減した可能性である。このような現象は「ビン首（ボトルネック）」効果といって、偶然に顕著な遺伝的変化を生む原因になる。言い換えれば、進化のスピードが一時的に速まる。第二章で述べたヒトのユニークな諸特徴の起源が、主に自然淘汰によるか、またはビン首効果よって生まれたのか、ゲノム研究等によって明らかにされるだろう。私は、いくつものユニークなヒトの特徴がほぼ同時期に出現していることから、ビン首効果説に軍配をあげたい。

ヒトは、進化史の一時期に「絶滅危惧種」であった。ボトルネックの原因としてまず考えられるのは気候変化であろう。酸素同位体ステージ（OIS）という指標によって過去の気候の概況がわかっている（表6）。それによれば、①ヒトの誕生当時の一九万年前から一三万年前の間と、②七万四〇〇〇年前から五万九〇〇〇年前の間は世界的に氷河時代であり、アフリカでも低温・乾燥化等の環境悪化があった。しかし、いずれの場合もそれに続く温暖な間氷期があったため、ヒトは絶滅から免れることができた。

このことから想像されるのは、次のようなシナリオである。氷期の環境悪化と人口激減は、ビン首効果によってヒトの集団に大きな遺伝的進化をもたらし、その結果として、やがてやってきた間氷期には人口が増えるとともに、それまでなかった新しい行動上の特徴（多くは遺伝的な基盤をもつ）が見られるようになる。

具体的には、①の氷期に続く間氷期（OIS5）の終末（七万五〇〇〇年前ごろ）、ヒト以前の人類には見られなかったモダーンな行動（身体装飾、シンボル記号、海産資源の利用など）が現れた。また、②の氷期に続く、約六万年前に始まる亜間氷期（OIS3）には「出アフリカ」という大きな事件が起きている。相当な人口増加を伴わなければこのようなことは起きなかったであろう。

年代	地質年代	OIS	考古学的時代	
			ユーラシア大陸西部	アフリカ大陸
現在	完新世	間氷期（OIS1）温暖	金属器時代 新石器時代 中石器時代	
1万3000年前	更新世	氷期（OIS2）寒冷	後期旧石器時代	後期石器時代
2万4000年前		亜間氷期（OIS3）やや温暖		
5万9000年前		氷期（OIS4）寒冷	中期旧石器時代	中期石器時代
7万4000年前		間氷期（OIS5）温暖		
13万年前		氷期（OIS6）寒冷		
19万年前				

表6　地質学的年代、酸素同位体ステージ（OIS）および考古学的時代（A. ロバーツ，2013による）

ヒトに限らず、生物には変化する環境に対して遺伝的に適応する能力がある。しかし、それによって進化するには非常に長い時間を必要とする。一方、ヒトは文化によって環境に適応する独特の能力をもつ。衣服や火の利用、石器など狩猟具の発達、海産物などの新たな食料など、さまざまな例を挙げることができる。文化的適応の際立った特徴は、遺伝子の変化を伴わない表現型の変化なので、きわめて短時間内に起こりうる点にある。

ただし、表現型の変化に遺伝子（DNA）が全く関係ないとはいえないであろう。考えてみれば、われわれの個体発生（胎児から老人まで）にともなう形質上の大変化は、普通の意味でのゲノム（塩基配列）の変化によるものではない。私は「表現型の進化」というテーマに非常に興味をもっているのだが、わかりやすい説明を聞いたことがない。

さて、五〜七万年前、ヒトは人口増大の結果「出アフリカ」に引き続き地球規模の分布拡大をなしとげ、おそらく集落の定住化・大型化、植物の栽培、動物の家畜化、場合によっては島伝いに海を越える技術を手にした。先史考古学の研究から推定されるこの時期の世界人口は、およそ五〇万人に達していた可能性がある（大塚）。

これまで述べてきた時代は地質学的には更新世（プライストシーン）で、約一万三〇〇〇年前から完新世（ホロシーン）になる。最終氷期を終えて間氷期（OIS1）となり、気候は温暖化し、農耕・牧畜が開始された。約一万年前、農耕の開始直前のヒトの人口はどれくらいであったろうか。これは、遊動狩猟採集民に見られる人口密度（たとえばカラハリ地域のサンでは一平方キロメートルあたり〇・六人）と、約一万年前の地球でヒトが生存可能であった地域の面積から推定できる。研究者によって、三〇〇〇万人ないし八〇〇〇万人と差があるが、中間の値をとって、およそ五〇〇〇万人と理解しておく（大塚）。

ヒトの人口増大には、ほぼ三つの異なる段階があったことが両対数目盛を用いた概念図で明

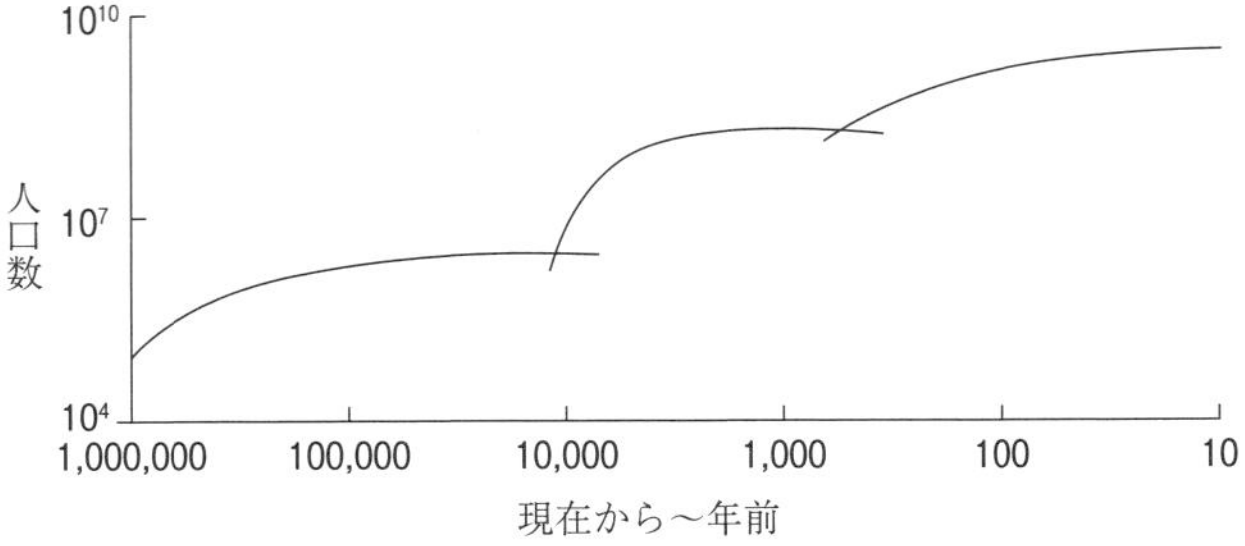

図18　人口増加の３サイクル（M. リヴィ＝バッチ、2014改変）

らかになる（図18）。世界人口は、狩猟採集段階では一〇〇万年前（まだヒトではない）に数十万人であったと仮定すると、一万年前の五〇〇万人程度まで非常にゆっくりと増加した（第一段階）。しかし、農耕・牧畜の開始以後、世界各地での都市文明の発達をへて人口は急激に増加し、紀元〇年には二億五二〇〇万人に達した（第二段階）。さらに、第三段階では、産業革命が始まる一七五〇年頃には七億七一〇〇万人、一九五〇年に二五億二九〇〇万人、二〇〇〇年には六一億一五〇〇万人と、まさに「人口爆発」となった（マッシモ・リヴィ＝バッチ）。国連の「世界人口展望」によれば、二〇一三年の世界人口はほぼ七二億人、二〇二五年には約八一億人、二〇五〇年には約九六億人、二一〇〇年には百億を突破すると予想される。

†自己家畜化現象

一九世紀後半から二〇世紀前半にかけて、ドイツ語圏の学者によっていくつものユニークな進化学説が提唱された。エルンスト・ヘッケルの「個体発生は系統発生の反復である」や、ユリウス・コルマンの「ネオテニー（幼形成熟）」、それにエゴン・フォン・アイックシュテットによる「自己家畜化現象」などである。これらの仮説は、現在では否定されているか、またはほとんど問題にされない。しかし、これらの概念には「まだ解明されていない何か」があると直感的に感じるのは、私だけではあるまい。

自己家畜化（セルフ・ドメスティケーション）とは聞きなれない言葉と思うが、いったい何だろうか。これは、「ヒトには野生動物より家畜に似た点がある」との解剖学的観察にもとづき、一九三〇年代にドイツの人類学者によって提唱された人類進化説である。

たとえば、イノシシ（野生種）とブタ（家畜）を比較してみる。イノシシは口吻部が硬く、長く突出し牙が発達しているが、ブタでは口吻部は短縮し、咀嚼器官も縮小している。サルからヒトへの人類進化に伴う形態の変化にも咀嚼器官の短縮による顔面頭骨の縮小が見られ、両者は平行現象と考えられる。また、ヒトの特徴には、体毛や黒色素の消失、縮毛など、野生動物にはないがある種の家畜には見られるものがある。

一九三〇年代は、進化の「総合説」（メンデル遺伝学とダーウィンの自然淘汰説を合体させたもの）が登場した時代である。新しい進化理論が求められた時期に、一部の家畜と人類の形態の類似をもって人類進化を説明しようとする自己家畜化説は、あまりにも素朴かつ非科学的だとして、とくに英語圏の学者からは受け入れられなかった。

家畜（ドメスティック・アニマル）は、「人類が利用するために野生動物から遺伝的に改良したもの」（正田陽一）、または「その生産物（乳、肉、卵、毛、皮、労働力など）を利用するために馴致・飼育する動物」である。野生動物を人為交配等によって家畜にすることを家畜化（ドメスティケーション）という。

最古の家畜イヌを家畜化したのは、約一万五〇〇〇年前（後期旧石器時代）の狩猟採集民である。イヌがどこで、どのようなオオカミから家畜化されたかについて、東アジア（チベットオオカミ）または中近東（ハイイロオオカミ）という二説が有力視されている。

イヌの次に古い家畜は、ヒツジ・ヤギ・ブタで約一万二〇〇〇年前に西南アジアで、またウシは約一万年前に西南アジアからインドに至る地で、さらにウマは約六〇〇〇年前にウクライナで農耕・牧畜民によって家畜化された（ブライアン・フェイガン）。縄文時代には、イヌのほかに、イノシシの家畜化も行なわれたらしい（地球・環境研の内山による）。なお、縄文人はイヌを狩りのパートナーとして大事に扱い、死ぬと人間同様に埋葬した。一方、弥生人はイヌを埋葬せず、食用にしていた。中国や朝鮮の文化ではイヌは重要な食料である。

野生種と比べると、家畜には次のような特徴が見られる。①表現型の多様化。たとえば、イヌの品種には形態にも行動上の特徴にも驚くべき多様性が見られる（チワワからシェパードまで)。②繁殖期間と寿命の延長。③病気等への耐性低下。また、出産時に人手を借りる必要があるなど、自力での生存能の低下。④人間の保護・管理下でなければ生きてゆくことが難しい。

これら家畜の特徴はヒトにも当てはまるように思える。「野生のヒト」は現存しないので比較できないが、先史時代および現代の古典的狩猟採集民がそのモデルとなりうる。家畜は人間によって自然から隔離・保護・管理(生殖を含め)されているが、文明下で自然から離脱したヒトも、自らの文化によって保護・管理される、「自己家畜化」された存在である。ホモ・ドメスティクス(家畜人)という俗名を提唱したい。

なお、愛玩動物(ペット)は、広義の家畜だがヒトの「仲間」(パートナー)という特別な存在である。代表的ペットのイヌとネコは、いずれも本来ヒトと共生する野生動物だった。イヌは、祖先(オオカミ)が残飯を求めてヒト集落の周辺に住み、危険が迫った時には吠えて知らせた。ネコは、ヒトの住居に集まるネズミを狙ってやってきた。

家畜化のきっかけに子どもが野生動物の仔を捕まえて愛玩したこともあるだろう。フィリピンで、アエタ族の子どもがワシのひなをひもで縛ってペットとして連れ歩くのを見たことがある。

現代文明の少子高齢化社会では、ペットは人生の伴侶ないし家族の一員としての役割を果たしている。ペットが死ぬと、飼い主が強度の精神的ショックや虚脱感から、ときに自殺に至る

「ペットロス」症候群が問題となる。ペットは人間への癒しの効果を持つ反面、飼い主による虐待や放任も社会問題化している。ペットは単なる家畜を超えた、より人間に近い存在であるとして「ペット法学会」が設立されている（吉田眞澄）。

現代のペット（主にイヌとネコ）産業は大きな問題を提起する。ペット市場はいまや数兆円規模といわれる。わが国では高度成長期のころはイヌ愛好家が圧倒的だったが、次第にネコ愛好家が増えて、二〇一六年の段階では空前のネコ・ブーム、その経済効果（ネコノミクス）は二兆三〇〇〇億円といわれる（NHK）。

しかし、人類学者から見ると、この現象もまた現代文明の疑問の一つである。ペットフードに用いられる肉類がいかなる動物資源からどの程度の量が得られているかなど、環境、生物多様性、人間の食料不足等への問題を提起する。

2 文明は「もろ刃の剣」

†「自己家畜」としての現代人

メタファーとしての自己家畜化論は、農耕・牧畜にもとづく文明下で野生動物・家畜・ヒトという三者の関係が本来の自然状態とは劇的に変化したことに注目する。文明以前、「動物と人間は同じ世界に暮らし、単に肉体あるいは精神だけでなく、存在すべてにおいてたがいにかかわりあっていた。人間と動物とは対等であって、支配と服従の役割にあったのではない。後者のような事態は、あらゆる種類の動物を人びとが家畜化し始めたときに起こったことだ」(ブライアン・フェイガン)。

ここでも旧約聖書の『創世記』が想い起こされる。「産めよ、増えよ、地に満ちて地を従わせよ。海の魚、空の鳥、地の上を這う生き物をすべて支配せよ」。この言明こそ、中近東発の一神教文明の本質的な原理をよく表している。ヒトによる支配は野生動物だけでなくヒト自身にも及んだ。

われわれの種名のもとになる「知恵」は、もともと道具を作り、自然を認識し、一族の安全を守り、毎日の経験について話し合い、子どもを教育する役にたった。文明下で、哲学や文学、科学や高度の技術や産業が生まれたが、また支配や戦争のためにも使われた。

一八世紀末の第一次産業革命以降、科学技術の発展はとどまるところを知らず、二〇世紀には革新的な産業が次々と生まれた。それまで地球上に存在しなかったプラスチックを石油から造りだし、原子力を(爆弾だけでなく)発電に応用した。抗生物質の発見によって人類はついに感染症に勝利すると思われた。しかし、プラスチックは公害、原子力発電は事故や廃棄物処理、抗生物質は耐性菌の発生という重大な副作用を伴った。

二〇世紀後半から第三次産業革命といわれる情報化（デジタル）時代を迎えた。顔見知りの人間の会話や読書で得られていた情報は、見知らぬ人々や国境を越えて遠く離れた地域にも伝わり、世界中の人間が共有するようになった。しかし便利さと引き換えに、コンピューター犯罪やハッキングが横行し、スマホ中毒のような依存症の問題も無視できない。

人口爆発どころではない情報爆発は、とどまるところを知らず、個人の知能では制御不可能である。そして二一世紀の今日、ついに人間の尊厳が機械によって脅かされる時代になってきた。人工知能（AI）がヒトの知能を追いこす「二〇四五年問題」が話題になっている。第四次産業革命と呼ばれて経済界からは歓迎されているが、憂慮せざるをえない。

今や私のようなアナログ人間の居場所はなくなりつつある。手作りの美学、身体能力の努力と達成感、顔見知り人間との付き合いや食事を共にしながらの情報交換と共感等々、ヒトの「自然」は機械の極致といえるAIという「人為」によって、ますます「自己家畜」化してゆく。プラトンの言は誤りだったのか。

囲碁や将棋の世界で、コンピューターが人間に勝ったと話題になっている。別に驚くようなことではない。本来、機械は特定の機能について人間に勝つように造られている。ロボットが相撲で人間を負かしても話題になるまい。将棋も囲碁も、一般人にとっては対局者二人の人間としての存在に興味があり、スポーツ界同様に、性善説にもとづくフェアプレーを楽しむのである。

ごく最近、ついに恐れていたことが起きた。将棋のプロ棋士が対局中にスマホでソフトを見たといわれるカンニング事件である。スポーツ界で広がっているドーピング問題と同じで、モラルの欠如といえばそれまでだが、現代社会の負の側面を象徴している。私は、日文研で「日本文化としての将棋」の共同研究を行った者として、この事件が一つの優れた日本文化に汚点をつけたことを悲しむ。

最近、伊藤若冲《じゃくちゅう》（江戸時代中期の画家）、宮川香山《みやがわこうざん》（明治時代の陶工家）、正阿弥《しょうあみ》勝義《かつよし》（幕末から明治時代の金工家）の展覧会を連続して見て、これらの作者の個性と技巧に感激した。わが国は、縄文時代の火炎土器以来、実に独創的かつ世界的に屈指の芸術を産んできた。川勝平太は、日本が「力の文明」ではなく「美の文明」の国として認知されることを誇りに思うと書いているが、全く同感である。芸術こそ、家畜化されないヒトの最後の砦と信じたいが、やがてこの世界にもＡＩが侵入してくるのであろうか。

†『不都合な真実』

いうまでもなく、現代の「進みすぎた」文明が人間に与えるものは利益や幸福ばかりではない。二一世紀の今日、環境破壊、経済格差、戦争（テロを含む）といった問題は、「文明という実験」の不安要因として「他人ごと」ではなくなっている。

二〇〇六年、地球温暖化の危機を訴えるアメリカ映画『不都合な真実』（監督デイビス・グッゲンハイム）が上演され、世界中で大反響を生んだ。長編ドキュメンタリー映画のアカデミー賞に輝いたこの映画は、元アメリカ副大統領のアル・ゴアが主演を務めたのが成功の一つの原因である。彼はこれで環境問題の啓発に貢献したとしてノーベル平和賞を受賞した。

現在では、地球温暖化は確実に進行し、それが人間の活動に由来することを疑う人は少なくなった。気候学の専門家によれば、地球の歴史上、気候は寒暖を繰り返してきて、現在よりはるかに暖かい時期もあった。しかし、地球史の中の自然の温暖化と、今日問題となっているそれとの大きな違いは、変化のスピードにある。最終氷期以降の温暖化は一〇〇〇年につき〇・〇八度程度であったが、一九〇六年から二〇〇五年までの一〇〇年間に世界の気温は〇・七四度上昇した。今世紀末には気温は現在より二ないし四度も高くなるとの予想がある。現在の地球表面は人間活動によってほぼ満杯で、氷河の溶解による海水面上昇、熱帯環境の温帯への拡大、予想されない異常気象による災害など温暖化の影響を非常に受け易くなっている（住明正《すみあきまさ》）。

†『沈黙の春』

実は、地球環境の破壊や現代文明の危機は、もっと早くから問題にされていた。とくに一九六〇～七〇年代が重要で、いずれもベストセラーとなった四冊の本が出版されている。レイチエル・カーソンの『沈黙の春』(一九六二)、ドネラ・メドウズの『成長の限界』(一九七二)、コンラート・ローレンツの『文明化した人間の八つの大罪』(一九七三)、それにエルンスト・フリードリッヒ・シューマッハーの『スモール・イズ・ビューティフル』(一九七三)である。

「この地上に生命が誕生して以来、生命と環境という二つのものが、たがいに力を及ぼし合いながら、生命の歴史を織なしてきた。といっても、たいてい環境のほうが、植物、動物の形態や習性をつくりあげてきた。地球が誕生してから過ぎ去った時の流れを見渡しても、生物が環境を変えるという逆の力は、ごく小さなものにすぎない。だが、二〇世紀というわずかのあいだに、人間という一族が、おそるべき力を手にいれて、自然を変えようとしている」。

これは、アメリカの海洋生物学者カーソンの『沈黙の春』の一節である。「ある田舎の池は、かつては、春がくると虫たちや鳥たちで美しくもにぎやかだった。しかし、あるときから春が来てもこの池は沈黙していた」という感受性の高い女性の眼が、環境問題の本質を見抜いたのである。

彼女は、当時は無制限に使用されていたＤＤＴなどの農薬や殺虫剤がいかに自然の生態系を破壊するかを研究してこの本を書いた。それは、次の四本の柱によって構成されている。①核および化学物質の「おそるべき力」、②生命の連鎖が毒の連鎖にかわる、③毒の連鎖の最後は人間、④「べつの道」である。彼女は、「今、われわれは分かれ道に立っている。これまでの道は禍いと破滅への道であり、これとは違う「べつの道」をゆくときにこそ、われわれが住んでいるこの地球を守れる最後の、そして唯一のチャンスがあるといえよう」と結んだ。彼女自身は、『沈黙の春』の波紋が大きく広がる中、二年後の一九六四年に五六歳でこの世を去った（原強）。

余談だが、昆虫少年だった七〇年も前のこと、夏になると汽車で田舎に出かけることがあった。夜、小さな駅のプラットホームに立つ電柱の灯火の周りには、いつも無数の蛾や甲虫が群がっていた。しかし、最近では、そのような光景を見ることがほとんどない。一匹の虫も来ない電燈を見るにつけ、暗い気持ちでカーソンの本を想うのである。

†『成長の限界』

一九六八年、イタリアの実業家アウレリオ・ペッチェイと英国の科学者アレクサンダー・キングが呼びかけて、資源、人口、経済、環境など全地球的な問題を扱う国際的シンクタンク

「ローマ・クラブ」が設立された。標題の報告書は出版されるや世界的に大きな反響を呼び、その後の環境問題研究者の間でバイブル的役割を演じた。

これは、トマス・ロバート・マルサス（一七六六〜一八三四）が『人口論』（一七九八）で述べた有名な命題「人口は幾何級数的に増加するが、生活資源は算術級数的にしか増加せず、いつかかならず不足する」を叩き台にして、新しいモデル・シミュレーションを用いて人口と資源（地下資源および食糧）について未来予測を行ったものである。

前提として、地球の資源は「有限」であることを認め、それが「無限」であるかの如く利用しまくってきた経済活動に対して警鐘を鳴らした。そのままの「経済成長」を続けるなら、二〇世紀中にも石油資源は枯渇し、人口増大は確実に食糧不足をもたらす。

しかし、本書の警告に対して世界の経済界はまともに対応しようとしなかった。とくに一九九〇年代よりアメリカで地下の頁岩層からシェールオイルを大量に採取する技術が開発され、世界の石油資源もローマ・クラブの予測に反して二一世紀になっても一向に枯渇する様子がないため、本書は忘れ去られた感がある。

最近、本書のその後の社会的影響についてまとめた「二一世紀版」が出版された。しかし、結論は非常に悲観的である。第一に、人類活動はもはや地球が支えうる限界を超えてしまっている。第二に、残念ながら、ローマ・クラブの主張は世界の政治・経済界に影響を与えたとは言い難い。どうすれば国家のノシズム（集団的利己主義）と利害関係という「壁」を突き破れるかが問題だが、それについての解決策は全くない。唯一の希望である国連等の無力ぶりは残念の極みである。著者は、可能性を信じなければ解決できないとして、理想論ではあるがヒトが本来持っている「互恵的利他性」と「他人に好かれたいという性質」に期待して、環境問題の教育を強化することを提案している（安井至）。

†『八つの大罪』

コンラート・ローレンツ（一九〇三〜一九八九）は、オーストリアの動物行動学者で、「刷り込み」理論などでノーベル賞を受賞した。著書『文明化した人間の八つの大罪』で、彼は現代文明下でヒトが生物としていかに矛盾した存在になっているかを、キリスト教でいう「七つの大罪」になぞらえて述べた。彼の言う「八つの大罪」とは、人口過剰、生活空間の荒廃、人間同士の競争、感性の衰滅、遺伝的な頽廃、伝統の破壊、教化されやすさ、核兵器である。なお、参考までに述べれば、カトリック教会が定めた七つの大罪とは、傲慢、憤怒、嫉妬、怠惰、強欲、大食、色欲である。

ローレンツも「人口過剰」を大罪のトップにあげ、これを生物界では例外的な正のフィードバックの結果とみている。彼がとくに注目するのは、人口密度の増加によって個人間の社会的接触が過剰になることである。ラットなどを過密な状況で飼育すると、攻撃性が高まり、ついに共食いなどの異常行動が起きる。そのまま人間社会に当てはめるのは短絡的だが、無関係とは言えまい。

第二の大罪「生活空間の荒廃」は自然破壊のことで、資源の枯渇だけでなく、人間が本来もっていた自然に対する「畏敬の念」が喪失するとローレンツは指摘する。

三番目の大罪は「人間同士の競争」である。ローレンツによれば競争手段としての技術の発達によって、戦争はあたかも異なる生物種の間に起きる殺し合いのようになる。彼は、国家を比喩し「疑似種」と呼んだ。異種間では食物連鎖の一環として殺し合いは普通である。しかし、進化の結果、同種の動物の個体間では本能的に殺し合いをしない。

四番目は「感性の衰滅」で、現代人では感受性および情熱が萎縮していることをさす。ヒトは進化の過程で充分な食物がえられる「快感」と飢えからくる「不快感」の両方に対応できる感性を獲得した。しかし、現代の技術とくに工学と薬学の過剰な発達によって、現代人は快感のみを受け入れ、わずかな不快感にも耐えられなくなっている。

余談だが、私は洗浄機能付きの便座の愛用者である。日本人らしい発明で、外国ではこれがないため不快に感ずることがある。しかし、考えてみれば、私もローレンツの言う感性が委縮した人間である。この装置は、生存のために必要ではなく、地球・環境問題を考えれば問題となりうる「ぜいたく品」である。待機中の消費電力も相当であろう。

現代文明は「便利さ」や「快感」のために、生存上必ずしも必要ではないさまざまな「無駄」を行っていて、それが経済発展の重要な動因になっている。日本には、せっかく「もったいない」という美しい表現（英語では何というのか）があったのに、今それはワンガリ・マータイ（ケニアのノーベル平和賞受賞者）のモットーになってしまった。

五番目の「遺伝的な頽廃」については、遺伝学者から異論が出る。ローレンツによれば、医学の発達によって本来なら淘汰されるはずの遺伝的疾患が残されるため、集団の中に有害遺伝子が蓄積してゆく。つまり、現代人は遺伝的に衰弱しているという。しかし、人口が非常に増えた現代人において、このことが認められるかは疑問である。

六番目の大罪は「伝統の破壊」である。生物の伝統（遺伝）的行動は、自然淘汰によって環境に適応して永年保存された。現代文明では伝統より「進歩」を重んずるため、急激な価値判断の変化が起きる。これが世代間の対立を生み、親子間でさえ、話が通じない。

七番目の「教化されやすさ」とは、端的に言えば「洗脳されやすい」ということになる。人間は教え込まれたことを、実は「仮説」に過ぎないのに「真実」と信じてしまう傾向をもつため、教育やマスコミによって思考や価値判断が画一化されやすい。

独裁国の例をひくまでもなく、権力者のスローガンは「個性をのろえ」である。しかし、自由で平和な社会でも、商業主義に裏打ちされた「流行」によって、いつのまにか政治的に教化されてしまう。流行やポピュリズム（大衆迎合主義）は、人間性にとって極めて重要な「個性」を排除し、集団をある価値判断に画一化することに役立つ。

最後の大罪「核兵器」について、ローレンツはごく短く論じているにすぎない。彼によれば、指導者が決断すれば危機を避けうる点で、この罪は前の七つの大罪よりも軽い。

†『スモール・イズ・ビューティフル』

第四章で、フィリピンのネグリト（小黒人）の起源について述べ、低身長という特徴が熱帯降雨林への適応進化によってもたらされたと推定した。その際、「小さいことは、良いこと」という表現を用いたが、むろんこれはエルンスト・フリードリヒ・シューマッハー（一九一一～一九七七）の著書『スモール・イズ・ビューティフル』のアナロジーである。高収入、高学歴、高身長という三Kに価値を置く文化は、高度経済成長期の拡大経済至上主義と、格差に象徴される現代資本主義を彷彿とさせる。これに対して、アジアの経済を参考に「小さいが人間の顔をもった経済」を理想とする経済哲学を唱えた、このタイトルのインパクトはきわめて大きかった。

冒頭でシューマッハーは、「現代人は自分を自然の一部とは見なさず、自然を支配、征服する任務を帯びた、自然の外の軍勢だと思っている。現代人は自然との戦いなどというばかげたことを口にするが、その戦いに勝てば、自然の一部である人間がじつは敗れることを忘れている。ごく最近までこの戦いは有利に展開し、人間の戦力は無尽蔵という幻想を抱かせたが、かといって、最後の大勝利の展望はまだなかった。今や勝利を目前にして、やっと多くの人々が——まだ少数派ではあるが——この勝利がいったい人類の将来にどんな意味をもつのかを理解しはじめた。」（一九八六）と言っている。これほど平易に、しかも説得力をもって現代文明の有様を批判した文章を、私は他に知らない。

彼はまた、問題は「われわれが現実から遊離し、自分の手で造りだしたもの以外は、すべて無価値なものとして扱う」点にあるとする。この発言も、すでに述べたプラトンの言明「自然と偶然は人為より上」や、デカルトの「われ思う、ゆえに、われあり」に始まる西欧発の自然および自然支配の思想との関連で、重く考えさせられる。

彼は、経歴を見ても単なる専門の経済学者ではなく、哲学者であり実践の人でもあったが、文明批判を超える次の文章が本のタイトルを決めた。「私は技術の発展に新しい方向を与え、技術を人間の真の必要物に立ち返らせることができると信じている。それは人間の背丈に合わせる方向でもある。人間は小さいものである。だからこそ、小さいことはすばらしいのである。巨大さを追い求めるのは、自己破壊に通じる。……技術の方向を切り替えて、人間破壊ではなく、人間に奉仕させるには、何よりも想像力を働かせ、恐れを捨てる努力が必要である」。

彼は、まだ盛りの六六歳、スイスを旅行中に急死した。彼がもっと長く生きていてくれたら、とはだれでもが心残りに思うことであろう。人類学者の私にとって経済学は遠く、自分の専門とは無縁の学問と思っていたが、「人間が自然の一部」であることから出発するシューマッハーの経済哲学・文明論は、実は人類学と重なる部分があることに気づかされ、親近感を覚えた。そこには、「自己規制」する発展への示唆がある。

†文明の危機

手もとに、現代文明の避けられない危機について書かれた三冊の本があるので簡単に触れておく。いずれも一〇年以上前の本なので、現状との若干の「ずれ」が見られるが、基本的な認識では共通する点が多いので、引用しておこう。

(1)アメリカのエネルギー・資源・環境学者であるリチャード・B・ノーガードは、『裏切られた発展』(二〇〇三)で、「モダニティ(現代性)は、科学によって自然をコントロールすること、優れた技術によって物質的繁栄をもたらすこと、合理的な社会組織によって政府を有効に機能させることを約束した。それはまた、すべての人が物質的貧困から解放され、より高次の個人的モラルとより優れた共同体文化に到達して、平和と正義が実現されると約束した。

① 狂ったような物質的繁栄。
② 不平等の悪化。
③ モダニティの信奉者が囚われた官僚制の行きづまり。
④ 進歩の基盤たる資源ストックの枯渇や環境の悪化。
⑤ おびただしい地域紛争。
⑥ 世界人口から見ても相当な規模の政治的・経済的な人質や難民の発生。
⑦ アメリカとソ連（ロシア）が間際まで近づいた、核兵器による全滅（冷戦時代のことであろう）。

表7　『裏切られた発展』（R. B. ノーガード，2003による）

……しかし、二〇世紀が終わった今になっても、昨日までの約束はほとんど果たされていない。……代わって目につくのは、次のような事実である」（表7）。

（2）英国の著名な科学エッセイストであるロナルド・ライトは『暴走する文明』（二〇〇五）の中で「進歩の罠」に落ちた人類の行方について書いている。

「冷戦終了後、私たちは核の悪霊をなんとか抑えはきたものの、もとの瓶に押し戻す作業には手をつけていない。その一方で、サイバネティクス、バイオテクノロジー、ナノテクノロジーといった別の強い力をせっせと解き放っている。それらは便利な道具になると期待されているが、先行きが見通せるわけではない。

しかし、最大の脅威は、他でもない私たち自身の廃棄物である。技術にまつわるほとんどの問題同様、汚染は規模の問題だ。私たちが昔ながらの石炭と石油を少しずつ燃やしていれば、地球生命圏も我慢してくれたかもしれない。しかし、宇宙から見た夜側の地球が熾火のように光り輝くほど激しい化石燃料の消費に、どれだけ耐えられるだろう」。

「ここまで、これらの問題が工業技術から生ずる現代特有のものであるかのような書き方をしてきた。だが、世界を破滅させるほど強烈な進歩はたしかに現代特有のものだとしても、便利さを罠に変質させるような〝規模の悪魔〟は、石器時代からずっと私たちにつきまとっている。この悪魔は人間の心の中に棲み、私たちが自然を出し抜いて、巧妙と無謀、必要と強欲とのバランスを失ったとき、かならずしゃしゃり出てくる。……マンモスを一頭ではなく二頭殺すことをおぼえた旧石器時代のハンターたちは、進歩をなしとげた。しかし、群れ全体を断崖絶壁から追い落として二百頭いっぺんに殺すことをおぼえたのは、進歩しすぎだった。彼らはしばらく羽振りのいい生活を送ったが、そのあと飢えてしまった」。

（3）英国の科学ジャーナリストであるジョエル・レヴィは、『世界の終焉へのいくつものシナリオ』（二〇〇六）という本で、何が文明崩壊をもたらしうる要因かを論じた。彼があげたのは、Ⅰ科学技術の反乱、Ⅱ戦乱の火種、Ⅲ生態系の断末魔、Ⅳ気候の大変動、Ⅴ不測の天変地異という五つの項目である。それぞれの項目にいくつかのありうる危機のシナリオが含まれている。例えば、①パンデミック（地球規模での伝染病の蔓延）、②大量移民の増加、③人口増大や生物多様性の喪失、④地球温暖化、⑤超火山の噴火、がきわめて高い危険リスクをもつとされている。

不思議なことに、著者が完全に見逃しているのが原子力発電所の事故である。さすがに、福島第一原発の事故（二〇一一年三月一一日）はまだ起きていなかったが、レヴィの本の出版よりはるか以前に二つの重大事故が起きていた。一九七九年に起きたアメリカのスリーマイル島の原発事故では、炉心溶融（メルトダウン）が起きて非常に危険な状態（INES評価レベル5）だったが、幸運にも犠牲者は出なかった。

ウクライナ（当時のソ連）のチェルノブイリの原発事故（INES評価で最悪のレベル7：深刻な事故）が起きたのは一九八六年のことである。この事故は炉心溶融・爆発を伴う極めて深刻なもので、当局の発表では事故の直接の死者は三三名だが、実際にははるかに多数（数百人から数十万人）の犠牲者が出たといわれる。広くまき散らされた放射性降下物のためウクライナだけでなく東ヨーロッパの広い地域で被害がでた。

事故から三〇年を経た最近（二〇一六年）の報道では、現在もなお放射線の漏出が収束していないし、放射線によって生じたと考えられる大勢の甲状腺がん患者が治療を受けている。著者のレヴィは、当然この二つの事故を知っていたはずだが、なぜ本書に含めなかったのだろうか。なお、今日では最も憂慮されているテロの世界的拡大についても、当時の彼の想像力は及ばなかった。

†超火山の噴火

著者レヴィが「超火山の噴火」を極めて重大な危険としてあげるのは、少し意外かもしれないが、日本人のわれわれは見逃すわけにゆかない。

七万四〇〇〇年前、現在のインドネシア、スマトラ島北部のトバ火山が大噴火し、当時の人類に壊滅的損害を与えたと考えられる。三〇〇〇～六〇〇〇立方キロメートルの噴出物が大気圏に吹き上げられ、大量の硫化化合物により五〇億トンもの硫酸エアロゾルが成層圏に広がった。地上の太陽光は九九パーセントも減少し、世界中で光合成が働かなくなった。

人類学上興味深いのは、約七万年前という時期である。アジアの先住古人類は一〇〇万年以上前から生息していたホモ・エレクトゥス（原人）だが、この大噴火によってほぼ絶滅した可能性がある。そして、わずか一ないし二万年後には、アフリカを出たヒトが現在のインドネシア地域に到来し、一部は海を越えてオーストラリアに渡った。

また、この約七万年前という時期は、間氷期が終わり寒冷化に向かう時期にあたる。トバ火山の噴火の結果がその一因となったという説もあるが、真実はわからない。また、この時期はアフリカでヒトの現代的行動特徴（身体装飾、海産物利用等）が現れたころでもある。さらに、アフリカからオーストラリアまで、ヒトの大移動があった。何が原因でこれらの出来事が同時に起きたのか、興味ある研究課題である。

わが国では、縄文時代早期の約七三〇〇年前、九州の南にある薩摩硫黄島に火口をもつ海底火山「鬼界カルデラ」が大噴火し、その規模は一九九一年の雲仙普賢岳噴火の約一〇〇倍といわれる。成層圏に達した大量の火山灰（アカホヤ火山灰）は、遠く東北地方まで飛散するほどで、九州の南部一帯を六〇センチメートル以上の厚さで埋めつくした。

その結果、それまで南九州で独特の文化（霧島市付近で発見された九五〇〇年前の「上野原遺跡」）を誇っていた縄文時代早期の集団は生存できなくなった。縄文文化の遺跡数が東北日本に多く、南西日本には少ない理由にこのことが関係するともいわれる。

雲仙普賢岳の噴火による火砕流で多数の（四三名）死者・行方不明者がでたのは一九九一年六月三日だが、偶然なのか同年同月にフィリピン・ルソン島のピナトゥボ火山が二〇世紀最大といわれる大噴火を起こしている。周辺四〇〇〇平方キロメートル一帯に推定六〇億立方メートルの火山灰が降り積もり、死者は八〇〇人、一〇万人以上が家を失った。この山の周辺には、ネグリト系の狩猟採集民アエタの人々が居住していたが、彼らはこの噴火を悪徳平地民に対する「聖なる山の怒り」と表現した。

ところで、もし富士山が噴火したら、おそらく多くの日本人の念頭にアエタの人々と同じような連想が生まれるのではなかろうか。周知のように富士山は立派な活火山で、古記録によれば七八一年以降のおよそ一二〇〇年の間に少なくとも一六回噴火したと推定される（静岡大学作成の噴火年表）。最も有名なのは、江戸時代中期の宝永大噴火（一七〇七年一二月一六日）で、四九日前にはマグニチュード9クラスの地震によって二万人以上の死者が出たといわれる。噴火は約二週間も続き、江戸の市中にも大量の火山灰が降った。噴火による死者の記録はないが、噴出した溶岩流による火災等で甚大な被害が出たといわれる。宝永大噴火以後三〇〇年ほどになるが、明治時代以降に小規模な噴気活動はあったものの、富士山の噴火はなかった。しかし、そのことはかえって不気味な静けさともとれる。

火山噴火や地震・津波、台風といった自然の脅威にたえずおびやかされているわが国では、これらの歴史的な事実を必ずまた起こりうる現実ととらえ、地下マグマの状態等の観察を怠らないことが必要である。とくに、二〇一一年三月一一日の東日本大震災を教訓として、わが国では原発ゼロ計画をぜひ推進していただきたい。

†文明の「台風モデル」

私は、直感的に文明という現象を台風になぞらえてイメージしている。太平洋の赤道付近のある地点で、偶然に海水温や気圧の変動の影響によって熱帯性低気圧が発生する。おそらく、初めは小型の風の渦であったものが、次第に大きくなってゆき、気圧が低下してゆくと、中心部の回転する雲の速度がどんどんあがってゆく。最大風速が毎秒一七・二メートル以上になると台風（タイフーン）として認められる。なお、同様の現象はインド洋等ではサイクロン、大西洋ではハリケーンと呼ばれる。

台風は地域の気圧や海水温、気流等の条件に応じて、勢力を拡大しながら移動してゆく。このような現象には、おそらく正のフィードバック機構が働いており、いったん発達するとおさまらなくなる。しかし、その移動速度や行く先、さらにどこまで発達するかについて、正確に予想することはできない。

文明も、現象としては台風と似たところがある。一万数千年前に世界に広がっていた狩猟採集民の中に、たぶん偶然によってある地に定住し、利用できる植物を見つけて食糧生産（農耕・牧畜）を始めた集団があった。初めは人口も小さく、健康や寿命の面で豊かな食料獲得者より優れていたわけではない。天候不良による凶作の危険にもさらされた。しかし、主食となるムギやコメなど特定の穀物の生産効率が上がるにつれて次第に人口が増え、土地所有が始まり居住地は大型化してゆく。熱帯性低気圧が台風になる時点に相当する。

以後、単一作物の大量生産につれて人口増大の速度が速まる。富と権力を持つ者が力を強め、身分・階級制度が発達し、富を奪い合う戦争に備える都市が出現する。祭祀や権力誇示のための大型建造物が造られ、戦争の捕虜は奴隷として労働力を担わされる。支配は植民地へと発展し、科学・技術が栄える。これは大型化した台風に匹敵するが、産業革命以後の現代文明は、超大型台風に相当する究極の状態といえよう。

文明と台風の共通点には、①偶然ある地点で、それまでなかった新しい状況が突然発生する、②一度発生すると、種々の要因が関連しあい、正のフィードバックのため拡大が加速化する、③極限状態にまで発達すると、ヒトを含む自然・地球環境に甚大な損害を与える。④両者はその進行を止めることはできず、対抗手段としては被害を少しでも小さくすることしかない。

第七章　先住民族の人権

1　いまなぜ先住民族か

†先住民族とは何か

「人種」の概念が破綻した今日、人間の集団を文化的特徴によって「民族」と規定するのが一般的になった。しかし、「民族」概念は文化の担い手であるヒトの理解なくしては完成しない。とくに、集団の歴史を考える際、文化だけでは限界がある。

例えば、北海道でアイヌ文化が開花したのは、擦文時代が終わる約八〇〇年前（本土の平安時代末）である。では、アイヌ民族の歴史はわずか八〇〇年か？　アイヌ語の特殊性からみても、それはありえない。人類学、先史考古学および言語学から見れば、アイヌ文化を担ったヒトの先祖は一万数千年前またはそれ以上前から北海道に居住した縄文時代人で、これに約一二〇〇年前にサハリンから渡来して五〇〇年ほど道東に住んだオホーツク人が遺伝的・文化的影響を与えた。

同様に、先住民族の概念を文化だけで規定することにも問題がある。植民地主義等の犠牲になった先住民や人権を考える際、具体的なヒトの集団の存在を忘れてはならない。

先住民族という概念は、現代文明を相対化して理解・評価または批判する上での重要な切り口となり、また文・理合同の「学際研究」のテーマとしてもふさわしいと考えられる。一万数千年前の文明の出発点において、それまでの人類史では普遍的な存在だった狩猟採集民とは別に農耕・牧畜民が出現し、その系列の民族が人口増大と土地や富・権力の集中、ならびに世界への拡散を通じて現代文明を築いてきた。

そして、この文明こそが史上初めてヒトの集団に「支配するもの」と「支配されるもの」という差別化をもたらし、植民地という最大の人権問題を引き起こした。現代の民族間に見られる格差や南北問題はその延長線上にある。支配され、差別されるのは常に「先住民」であるという事実は、現代文明が解決すべき大きな問題をはらんでいる。

百科事典では、先住民または先住民族（インディジナス・ピープル：ＩＰ）とは「世界各地で大国や支配的民族等によって土地や権利、固有の言語や文化を奪われた人々」のことである。常識的には、ある土地に先に住んでいた人々には「先住権」があり、後からきた人々がそれを侵すのは人道に反する。しかし、文明の歴史を見れば、植民地主義に代表されるように、この反人道的行為がむしろ普通であった。これも、前章で縷々述べた文明の負の側面の一つで、決してヒトの本性の故ではないと考える。

国連等によれば現在、少なくとも五〇〇〇の先住民族の約三億七〇〇〇万人が世界の七〇以上の国に住んでいるといわれる。先住民族は「少数民族」（マイノリティー・ピープル）とは違う概念で、「先住性」（インディジネイティ）がポイントである。少数民族の場合には、必ずしも先住性が問題ではない。

国連では、ウルグアイ出身のホセ・マルチネス・コーボによって、先住民族の条件として「祖先伝来の土地」「祖先の共有」「固有の言語」「独特の伝統文化」「アイデンティティ」等が規定されている（一九八六）。一九九三年、「先住民族の権利に関する国連宣言」の草案が出され、先住民族の自決権、資源主権、環境権、文化や伝統を守る権利を保護するための活動が活発化した。中でも、一九九五年から二〇〇四年までの一〇年を「世界の先住民族国際一〇年」として先住民族の状況を報告し、先住民族の権利を守る国際会議を開催する提案がなされるなど、世界的にこの問題への関心が生まれ、先住民族団体やNGOなどの期待も高まった。

政治学や国際法の立場からすれば、先住民族は「近代国家」の成立によって生じるといわれる（上村英明、二〇〇一）。しかし、人類学者の私は、とりあえず先住民族の概念をより広くとらえ、必ずしも国家の成立を前提とせずに考えたい。わかりやすい例として、わが国の縄文人と弥生人の関係を考えてみればよい。一万数千年前から日本列島には縄文時代人（縄文人）が住んでいたが、約三〇〇〇年前に弥生時代人（弥生人）が西日本に渡来し、水田耕作によってコメを主食とする早期の農耕文明を確立させた。弥生人は、部分的に縄文人と混血しながら日本列島を北へ、または南へと分布を拡げ、人口の上で優勢になった。この場合の先住民は、明らかに縄文人である。

また、私は人類学の立場から、一般的な先住民族の概念には大きな問題があることを指摘したい。それは、先住性について最も明らかな集団、言い換えれば歴史が最も長く、しかも最も辺鄙な周辺地域に追いやられている存在である「狩猟採集民」が、国連等の先住民族の定義では考慮されていない。国連の委員会等に参加する各国の先住民族の代表の多くは農耕民で、人数や発言力で狩猟採集民をはるかに凌いでいる。私は、狩猟採集民こそ真の先住民族であると主張したい。

その点では、国際先住民年の開幕式典（ニューヨーク、一九九二年）に野村義一北海道ウタリ協会会長（当時）が、狩猟採集民（豊かな食料獲得民）であるアイヌ民族の代表として出席されたことは喜ばしい。また、先住民若手活動家の養成を目的とするプログラムにアイヌ民族の多原香里が選ばれ、ジュネーブ（スイス）の国連高等弁務官事務所に勤務したことには大きな意味がある。彼女は、その後フランス国立社会科学高等研究所修士課程を修了、著書『先住民族アイヌ』を書いた。

†「アイヌ新法」と萱野茂氏の想い出

一九九五年に始まった「世界の先住民の国際一〇年」の間にわが国でも、一九九七年五月、明治三二年施行の「北海道旧土人保護法」がついに廃止され、「アイヌ新法」（「アイヌ文化の振興並びにアイヌの伝統等に関する知識の普及及び啓発に関する法律」）が制定され、遅まきながら文化・民族の多様性を認める社会への一歩が踏み出された。

この根本には、一九三〇年設立の「北海道ウタリ協会」（ウタリはアイヌ語で仲間・同胞の意。二〇〇九年に公益社団法人「北海道アイヌ協会」と改称）によってアイヌの人たちが主張し続けてきた差別的法制度の改正要求があった。

しかし、新法制定という画期的な出来事の背景として、アイヌ民族出身の萱野茂《かやのしげる》（一九二六～二〇〇六）が日本社会党の参議院議員として活動していたという偶然が関与したことがあった。この法律が準備されていた一九九五年ごろは、村山富市内閣というわが国で初めて「自民」「社会」「さきがけ」の三党連合政権の下で、世間に比較的リベラルな雰囲気が感じられていた。

逆説的だが、中曽根康弘総理の「日本人は単一民族だから教育が行き届いている」という国会発言（一九八六）が、新法成立に寄与したと言える。この発言に対し、アイヌの人々だけでなく多くの日本人から人種差別的との批判が出た。北海道には独自の文化をもつアイヌという少数民族がいるではないか、とにわかに民族問題が身近な話題となったのである。

一九九五年に私は参議院議員萱野茂氏を応援する学者の一人として、アイヌ人とアイヌ文化の歴史および現状について論議する「萱野茂文化講座」に参加した。萱野氏の想い出はつきない。同氏は、完全なアイヌ語を話せる今では数少ないアイヌ人だったが、アイヌ語の保存につとめ、叙事詩ユーカラを『ウエペケレ集大成』にまとめた。私財を投じて散逸する民具等を収集して「二風谷《ニブタニ》アイヌ文化資料館」を建てたことはよく知られている。何より、参議院議員として国会に初登壇しアイヌ語で挨拶した出来事は、日本が単一民族国家ではないことを端的に示した（一九九四年一一月九日）。

彼は話も文章も達者で、桃山学院大で講義をしてもらった時、私は「並みの大学教授より話がうまい」と評した。狩猟採集民の特徴と思われるが、論理を直線的に語るのではなく、「たとえ話」が多く、それらは心に残るものだった。萱野語録の例を二、三あげておく。

「北海道で、われわれアイヌは長い間、自然の利子で食べさせてもらっていた。ところが、あるとき和人がやってきて、元本を食い尽くしてしまった」。

これは、現代文明下の環境問題を見事に言い当てている。一九九八年、彼は国会議員任期満了に伴い、惜しまれて政界を引退したが、その時残した言葉は「狩猟民は、足元が暗くなる前に家に帰る」である。真っ暗になっても、なお権力にしがみつく輩に聞かせたい言葉である。

著書『アイヌ語が国会に響く』の中で、彼は「アイヌの国会議員として」という文章を書いている。冒頭の部分がなかなか名文なので、引用しておこう。

「火屋《ほや》の片方が黒くなったほの暗いランプの下で、パチパチと燃える囲炉裏の火をじっと見つめ、祖母（テカッテ）の膝に体半分をもたれかかりながら静かに聞いた昔ばなし（アイヌ語）が最初の記憶であろうか。……いま、辺りを見回すと、アイヌ民族の言葉の証文を預かっているような重荷を感じている。しかし、言葉こそは民族の証と常々自分に言い聞かせ、言葉を博物館に納めるのではなく、生きた言葉として遣うべく、おばあさんたちに聞いたウエペケレ（昔話）やカムイユカラ（英雄叙事詩）を録音テープに六五〇時間残し、アイヌ語辞典も含め五〇冊の本を書かせてもらった……」。

†「二風谷ダム」判決

一九九三年に提出された「先住民族の権利に関する国際連合宣言」（案）は、一四年も後の二〇〇七年九月一三日、やっと国連総会決議として採択された。投票結果は一四三カ国（日本を含む）の賛成、四か国の反対、一一カ国の棄権である。反対したのは、オーストラリア、カナダ、ニュージーランド、アメリカ合衆国で、いずれも先住民族の数が多く、虐殺（ジェノサイド）を含む先住民に対する虐待の歴史をもつ国である。

このことは、国際的問題に対する国連という組織の限界を示す残念な例である。自国の利益を優先することに熱心な国家代表の集まりである国連の現状では、人類共通の大きな問題を解決することは困難である。また、内部事情で、しばしばプロジェクトの対応部局が変更され、戸惑いを感じることがある。国連の対応が遅れる中、世界の先住民の人権状況がどんどん悪化していることは誠に残念である。

一方、わが国で「アイヌ新法」が成立した一九九七年に、札幌地裁で下された「二風谷ダム判決」では、画期的な判断が示された。北海道日高地方を流れ、伝統的にアイヌの人々が鮭（神の魚を意味するカムイチェップ）をとっていた沙流《サル》川という川がある。この流域でアイヌ民族により聖地とされ、約五〇〇人の住民の八割をアイヌ人が占める平取《ピラトリ》町二風谷地区に、アイヌ人および応援する環境保護団体等の反対を押し切って、一九九七年に「二風谷ダム」が建設された。地主の貝沢耕一、萱野茂の両氏は、これを不当として裁判に訴えていたが、判決に際し札幌地検はこのダム建設が違法であると認め、原告側の勝訴となった。

判決の中で裁判長は、国の機関として初めてアイヌを「先住民族」と認め、民族には自らの文化を享受する権利があり、政府はダム建設を決定するにあたって、民族の文化にとって重要な施設を破壊するなど、その権利に充分な配慮を行わなかったと指摘した。同じ年に制定された「アイヌ新法」で明記されなかったアイヌ民族の「先住性」を先取りした感のあるこの判決は、画期的なものであったといえよう（常本照樹）。

しかし、今日この地域に行くと違和感を覚える。違法建設物と判定された巨大な二風谷ダムは、壊すわけにもゆかず放置されている。水面は流木で覆われ、川底には予想されなかった大量の泥がたまり、付近の環境に悪影響を与えている。さらに、このダムが無用かつ違法だったことが忘れ去られたかのように、同じ水系の額平川《ヌカビラ》に新たに「平取ダム」が建設されようとしている（二〇一九年完成予定）。

法律的には、先住民族の処遇を考えるとき、「少数性」と「先住性」のいずれに力点を置くかによって、その内容は大きく変わりうる。少数者（エスニック・マイノリティ）であることを重視すれば、法的処遇の内容として消極的には「差別解消」、積極的には「文化的独自性の保持」が目的となる。一方、「先住性」（インディジネィティ）に力点を置くアプローチでは、「民族自決権」が核心にあるので、領土および構成員に対する支配権といった諸権利が強調されることになる（常本照樹）。

日本政府は、アイヌの人々が北海道に先住していたとの歴史的事実は認めていたが、「先住民族」であるとは明言してこなかった。しかし、国連宣言に賛成したことを受けて、二〇〇八年六月六日、官房長官談話として「政府としても、アイヌの人々が日本列島北部周辺、とりわけ北海道に先住し、独自の言語、宗教や文化の独自性を有する先住民族であるとの認識の下に、これまでのアイヌ政策をさらに推進し、総合的な施策の確立に取り組む所存」と発表した。

実は、アイヌ人はもともと北海道だけでなく、クリル（千島）諸島やサハリン（樺太）にも住んでいた。したがって、厳密にいえばアイヌ民族を「北海道の先住民族」に限定するのは適当ではない。しかも現在、北海道から本土に移住したアイヌの人々がかなりの数に上っている。二〇一三年の調査によれば、北海道に住むアイヌ人は六八八〇世帯、一万六七八六人である。一方、一九八九年の東京都での調査によれば、都内に二七〇〇人、首都圏全体では約五〇〇〇人が暮らしていたという（「TOKYO人権」六三号、二〇一四）。聞き取り調査によるデータと思われるので、これらの値は過小評価であろう。

私は、東京でアイヌ民族出身の何人もの方と知り合ったが、中でもアーティストの宇梶静江さんの生き方には感銘を受けている。萱野氏と同じで、彼女はアイヌ民族としてのアイデンティティに自信と誇りをもたれ、狩猟採集民の生活が、自然に対する感性や子どもの育て方等の点で農耕民や都市生活者に決して劣るものではないことを『すべてを明日の糧として』で生き生きと描き、吉川英治文学賞を受賞された。

†「琉球民族」について

繰り返しになるが、長年の人類学的研究によれば、日本列島には現在マジョリティの「大和（ヤマト）民族」とマイノリティの「アイヌ民族」および「琉球民族」の主として三民族が共存する。むろん、現在これらの民族を担っている人びとは日本人（日本国民）である。国民と民族を混同してはならない。

なお、地理的に琉球は沖縄より広義で、南西諸島の南半の沖縄県沖縄諸島と先島諸島（宮古および八重山列島）が含まれる。自然史（動・植物相の特徴）や民族学的特徴からみれば、行政的には鹿児島県に属する奄美群島も琉球に含めうる。

ところで、日本政府は琉球民族を先住民族と認めていない。以前よりユネスコは琉球・沖縄の歴史や伝統文化が固有のものと認識していた。二〇〇八年以降、国連の人種差別撤廃委員会は日本政府に琉球・沖縄の民族を先住民族と認めるよう勧告してきたが、政府は応じていない。

沖縄の地元紙は、賛否両論を紹介している。「琉球弧の先住民族会」の代表は、「琉球国の時代や、その後日本に併合された歴史を振り返れば、国連が示す先住民族の定義にあてはまる」とした。一方、反対派は「県民は日本人であることが前提」であるとして、国連の勧告に反対する日本政府の立場を支持している。

前述の国連等における先住民族の定義は、ほぼそのまま琉球民族にあてはまる。祖先伝来の土地、固有の言語（古日本語に近縁）、独特の伝統文化（風俗習慣、宗教、芸術等）を維持している上に、自己をウチナーンチュ（沖縄人）とのアイデンティティをもっている。対立語はヤマトーンチュ（内地＝大和人）である。これらの事実より、沖縄または琉球の民族を日本の先住民族と認めることは当然といえよう。

よく知られた琉球文化に次のものがある。「琉球音楽」は、CDEFGAB（ドレミファソラシ）という七音階からD（レ）とA（ラ）を抜いた独特の五音階で成り立っていて、聞けばすぐに沖縄のイメージが浮かぶ。楽器として良く知られているのは、本土の三味線の原型である三線《サンシン》で、蛇の皮を張って造られる。沖縄の民謡は島唄《しまうた》と呼ばれる。広く行われる沖縄の伝統的な踊り（カチャーシー）も独特である。

宗教には「琉球神道」があり、ニライカナイ（海の彼方に理想郷がある）や拝所ウタキ（御嶽）等の信仰にもとづく一種の多神教である。神々との交流をするノロ（祝女）という女性神官の存在も特異である。なお、ユタと称される民間の巫女（シャーマン）もいた。家の屋根の上に置かれるシーサー（獅子像）も旅行者の目をひく。

日本列島に初めてヒトが到来したのは、後期旧石器時代の約三万八〇〇〇年前である。ルートとしては①北東アジアから北海道へ、②朝鮮半島経由で北九州へ、さらに③南方から琉球列

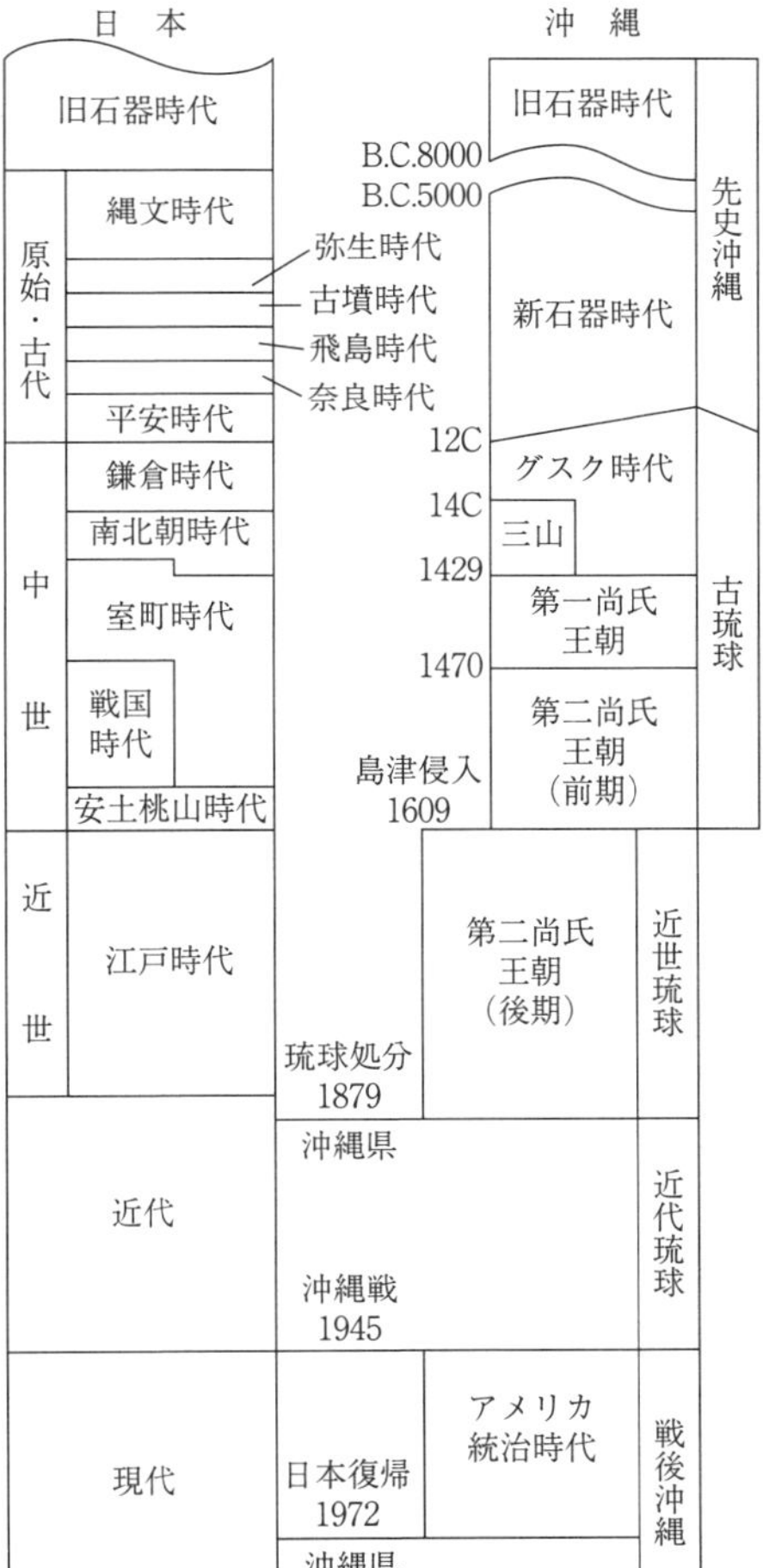

表8　沖縄と日本の時代区分（高良倉吉・田名真之編『図説琉球王国』による）

島へ、という三つの可能性がある。最近もっとも注目されているのが③である。なぜなら、琉球諸島には日本の他の地に例を見ないほど多数の旧石器時代の人骨が発見されているからである。

とくに、二〇一〇年以降、石垣島に建設中の新空港敷地内で発見された白保《しらほ》竿根《さおね》田原《たばる》洞窟の発掘は、人類学者に衝撃を与えた。縄文時代よりはるかに古い、約二万年前の旧石器時代人を含む多数の化石人骨が発見され、その規模と年代の古さで、有名な港川洞窟遺跡（沖縄本島）を超える極めて重要な遺跡である。人骨からえられたミトコンドリアDNAの研究も現在進行中である（篠田謙一）。

「琉球民族」の起源が数万年前の旧石器時代にさかのぼるのか、古人骨DNAの分析によって近く明らかにされよう。沖縄では、今から六〜七〇〇〇年前から土器を伴う新石器時代「貝塚時代」を迎える。本土の縄文時代に相当する文化で、九州との交流があったことは確実である。しかし、本土では約三〇〇〇年前より稲作を伴う弥生時代が発展したのに、沖縄では一〇〇〇年前ごろまで狩猟採集・漁労文化が続いた。以上が沖縄の先史時代である。

以後、一二世紀ごろに始まる農耕を基盤とする「グスク（城）時代」「三山時代」を経て「琉球王国」の時代を迎える。一四二九年に尚巴志王が「第一尚氏王朝」を立て、日本本土はもとより中国、朝鮮半島、ジャワなどとの交易を積極的に行ったが、内乱等のため六三年で瓦解した。一四七〇年には新たに「第二尚氏王朝（前期）」が始まり、首里を首都として集権化に成功し、先島諸島や奄美群島にいた豪族を制圧し、最大版図が築かれる。

しかし、一六〇九年、薩摩藩の島津氏が侵軍し首里城を占領した。これにより古琉球時代は終わり、以後「第二尚氏王朝（後期）」から近代琉球時代とされるが、薩摩藩への貢納義務に加え中国（清）にも朝貢を強いられることになった。一八七一年、明治政府の廃藩置県制度によって琉球は鹿児島県の管轄とされ、清国との通交を断絶、明治の年号の使用など様々な圧力を受ける。一八七九年「琉球処分」によって首里城の明け渡しが実施され、琉球王国は終わりを告げる。

以後、琉球民族は大和民族を中心とする日本国に政治的に従属、結果として太平洋戦争の悲惨な犠牲者となった（表8）。

2　狩猟採集民こそ真の先住民族

†ママヌワ民族との対話

ごく最近になって、ママヌワ民族に関する私の仮説（第四章参照）は意外な展開を見せた。

二〇一四年九月、ミンダナオ島スリガオ市で「ママヌワ民族との対話」と題する国際シンポジウムが開催され、私は主要な発表者として招待された。この会議は、もともとママヌワ民族に関心をもち、その「絶滅」を防ぐために活動されている、レスリー・バウソン（フィリピン大学名誉教授、歴史学者）とフェルナンド・アルメダ（スリガオ遺産センター館長）の両者によって企画・実行された。彼らは、ママヌワ人に関する私の研究にも早くから注目して著書で紹介していた。

シンポジウムは盛会で、さまざまな分野のフィリピンの研究者の他、ママヌワ民族からもダトゥ（リーダー）をはじめ大勢が参加した（図19）。私の発表は「ママヌワ人の遺伝的起源」と題するものだったが、冒頭で私は、「いまだかつてママヌワ民族を主題に、しかも「対話」という画期的な切口をもった国際会議はなかった。これは先住民族問題の新たな幕開けとなる会議である」と、主催者の意図に対する賛意を述べた。

そして、スライドを用いてできるだけ平易（むろん英語で）に私の研究を紹介し、結論として「あなた方ママヌワ民族こそ、フィリピンのファースト・ピープルで、その起源はおそらく二～五万年前であろう」と締めくくった。すると、ママヌワ族の参加者から盛大な拍手がわき起こった。

考えてみれば、もっともなことではある。いつも差別されるばかりで、褒められ、評価され

図19　「ママヌワ民族との対話シンポジウム」（スリガオ市にて2014年９月）の開会式。

るなどの機会がなかった彼（女）らは、自分たちが主題となる国際会議に初めて出席し、フィリピン最初の先住民であると学問的に認められたことに喜んだのだろう。講演の後、私は大勢のママヌワ族参加者から、一緒に写真を撮らせてくれと頼まれた。

シンポジウム最終日はエクスカーションで、クラベール、タガニート地区に行くという。聞いてみると、山地のママヌワ族が低地に移住したので、会いに行くという。何が起きたのか不審に思ったが、原因はどうも近年この地域で大きな問題になっている鉱山開発との関係らしい。私は不明を恥じた。

†偏見と差別に苦しむ狩猟採集民

北スリガオ州のママヌワ族のテリトリーには、幸か不幸か、フィリピン第一で世界でも有数のニッケル鉱床が埋もれている。しかも、ニッケル鉱床は比較的表層に近く存在するため、「露天掘り」で採鉱が行われ、住民は退去せざるをえない。現地について、私は悪夢のような光景に大きなショックを受け、二〇一五年一月八日付の毎日新聞の「発言」欄に「比の狩猟採集民に安住の地を」と題する次のような記事を書いた。

「フィリピンの先住・少数民族ネグリトをご存じだろうか。人類学者から彼らこそ東南アジア最古の先住民ではないか、とも言われる狩猟採集民の人々だ。そして今、彼らはその生活基盤を脅かされている。

ミンダナオ島スリガオ市で昨年［二〇一四年］九月、「ママヌワとの対話」と題する国際シンポジウムに招かれ講演した。私は長年、そのルーツを求め遺伝子データによる研究を行ってきた。現在、フィリピンにいる多数の先住民族は、ほぼ約五〇〇〇年前の新石器時代以降に東アジアから渡来した農耕民である。だが、一六世紀にやってきたスペイン人は、彼らとは別に山間部に非常に小柄で暗色の肌と縮れ毛の人々がいるのに気づき、ネグリト（小黒人）と呼んだ。

そして後に、人類学や考古学、言語学などの研究によって、この人々が農耕の開始以前の後期旧石器時代（四万〜一万年前）に現在のインドネシア地域から渡来した狩猟採集民の子孫であるとわかった。

最近まで彼らは農耕をせず、狩猟と漁労、植物の採集などによる自給自足と近隣住民との物々交換に頼る生活をしていた。私の経験によれば、彼らは自然への深い知識と畏敬の念を持っている。俊敏で気立てがよく、親切だ。争いを嫌い、農耕民の進出を避け山間僻地に逃れているが、今も偏見と差別に苦しんでいる。

我々の祖先は一万年前まではすべて狩猟採集民だった。私は、彼らこそ真の先住民族でヒトの原点の「生き証人」であり、その生活から学ぶべき点が多々あると考えている」。

†鉱山開発とママヌワの人々

「今から三〇年以上前の一九七八年、スリガオ市の南にあるウルビストンドという村からママヌワの青年の案内で山に登り、彼らが暮らす地区を訪れたことがある。ママヌワは村を造らず、広い地域に分散して住んでいた。男は弓矢でイノシシなどを狩り、籐《とう》やランなど山の幸を山麓のマーケットで米や雑貨と交換する。女たちは子育てのほかバナナや芋、山菜などを集める。自然で環境に適応した生活と見受けられた。

だが、国際シンポジウム終了後、ママヌワの現状を見るため再びウルビストンドを訪れた私は車を降りて息をのんだ。背後の山並みから森は消え、土ぼこりが舞い上がる中をダンプカーが走り回っている。海岸の砂浜が失われ、何隻もの運送船が接岸を待っていた。いったい何が起きたのかと聞くと、最近、ニッケルなどの鉱山の大開発プロジェクトが始まり、日本の大企業が中心的役割を果たしているのだという。

ママヌワの人たちは、海岸近くに設けられた貧しい小村に移されていた。インタビューした一人の老人が暗い顔で「山に帰りたい」と言った。銃を持った低地民の男たちに事情を聴くと、数年前にこのプロジェクトに反対する勢力の攻撃があったため護衛しているのだという。

私は日本人として、暗たんたる気持ちであった。我々が享受する現代文明の発展の陰に、環境破壊と先住民、特に最も弱い立場の狩猟採集民に対するひどい人権侵害があることを多くの人に知ってもらいたい」。

帰国して調べてみると、この地域では一九八〇年代より現地法人の「タガニート鉱山」(TMC)が露天掘りによるニッケル採掘を行い、日本、中国、オーストラリア等に鉱石を出荷してきた。我が国の住友金属鉱山株式会社(SMM)は、TMCの親会社に一部(二〇%)出資しているが、主要な事業は別にある。それまで屑とされていた低品位のニッケル鉱石を精錬するため、同社が開発した「高圧酸性浸出法」のプラント(THPAL)を建設し、二〇〇八年から操業している。高圧下で原鉱を硫酸で溶かし、純度の高いニッケルを沈殿させる。不純物は廃棄物としてプールに貯められる。

丘の上に住んでいた先住民（ＩＰ）は、アムパントリムトゥという名のママヌワ族のグループ（以下ＡＭＰと略）で、国家先住民族委員会（ＮＣＩＰ）によって公式に先住権が認められ、ＴＭＣが用意した居住地（プンタナガ村）に移転した。ここには、住宅の他、集会所、学校、クリニック等が整備され、二〇一六年三月の時点で、約二〇〇世帯（一二〇〇人）が住んでいる。なお、ミンダナオ島北部に分布するママヌワ族の総人口は、混血者を含め約八〇〇〇人と推定され、ＡＭＰはその約一五％にすぎない。

一九九五年設定のフィリピン鉱業法に従って、鉱山会社は事前に了承をえた現地のＩＰに、売り上げの一％のロイヤルティ（補償金）を支払わねばならない。このほか、年間五〇万ペソの生活支援金も支払われる。また、ＴＨＰＡＬは、操業開始から閉鎖（三〇年間）までＩＰに対して年間三〇〇万ないし五〇〇万ペソ、ＮＣＩＰに対して年間二〇〇万ペソの財政支援をすることを約束している。その結果、ＡＭＰに対する支援総額は、ＴＭＣのロイヤルティとＴＨＰＡＬの支援、それに学校や病院の事業支援等を含めると合計で年間六〇〇〇万ペソ（約一億三〇〇〇万円相当）と巨額になり、フィリピン国内でＩＰグループが得た金額として突出している。しかし、このことがかえって様々な問題を引き起こしている。

多額のロイヤルティ等は銀行口座に振り込まれるため、名義人争いや不正、さらに地元有力者も出てきて暴力沙汰を引き起こしかねない。また、TMCではないが、外国の鉱山会社の中にはロイヤルティを払わない違法行為に及ぶものがあり、ママヌワの人たちが抗議の座り込みをしていると聞く。私見では、ロイヤルティ等は現金払いとせず、公共施設の建設や人的支援等によって真に先住民族の福祉に役立たせることが望ましい。

また、ロイヤルティを受け取るのはママヌワ族のごく一部（約一五％）にすぎず、恩恵にあずからない他地域のグループでは不公平感が高まり、民族の内部分裂の恐れがある。さらに、隣接の南スリガオ州のIPであるマノボ族（農耕民）の中には、われこそタガニート地区の先住民と主張する者がいて、民族間闘争に発展しかねない。

さらに、現地では重大な環境汚染の疑いがある。川の水から劇毒の「六価クロム」が日本での規準を超える濃度で検出された。日本のNGO（FoE）による報告だが、SMMは調査の信憑性を疑問視している。しかし、川水を飲んだり、触れたりした者に腹痛や皮膚の爛れ等の障害が起きているらしい。医師を含めた調査が早急に必要である（NPO法人アジア太平洋資料センター：PARC制作のビデオ「スマホの真実」http://www.parc-jp.org）。

†ママヌワ宣言

上記シンポジウムの終了後、会場でママヌワ族のリーダーたちから「ママヌワ宣言」と題する文書（現地語版および英語版）が提出され、私も含め何人かの参加者が賛同のサインをした。副題には「荒れ野からの今一つの答えのない叫び」とある。「答えのない」というのは「聞いてもらえない」という意味だろう。ママヌワ族の現状についての切実な問題を訴えている。このような宣言が公表されたことはないので、部分訳（案）を採録する。聞いていただきたい。

ママヌワ宣言

「われわれは、地区のママヌワ族を代表して今日ここに集まり、われわれの現状が受け入れられるものではないことを宣言する。

われわれの子どもたちに対する差別は、学内と学外を問わず広がっている。これは、われわれの固有の権利と人間としての尊厳に対するはなはだしい侵害である。

このために、我々の若者は、

①臆病で、考えや意見を表明することを恐れている。

②うけ身の態度で、ビサヤン民族（低地民）が多数派の学校や地域の事柄に自分から関与しようとしない。

③学校で勉強して卒業することが不安である。

徐々に、民族としてのわれわれの慣習的な生活様式は消滅してゆく。宗教や教育、仕事やコミュニケーションに変化をもたらす無数の要因が、われわれの文化、本来の信仰、習慣、伝統に何ら敬意も関心も示さないまま殺到しているからである。われわれが念願する自己決定が無視されたため、同輩の多くは政府からの施しに頼るのを良しとしている。

祖先の土地に対するわれわれの既定の権利および獲得への要求は、今、これらの土地の所有権についてわれわれと競合するある種の特別な利益団体の出現によって、危機にさらされている。その結果、われわれの注意が、先祖伝来の生活様式や暮らし方、および聖なる土地の保護と保存という、われわれの本来の目的から変化してきた。

また、一部の無節操な政治家が、たとえば南スリガオ州のマノボ族のような別の先住民を使ってわれわれの土地を侵略しているため、われわれの生存が脅かされている。弱さの故に、われわれは搾取されている。さらに悪いことに、当地で運営されている鉱山会社からのロイヤルティの取り分をえるというだけの目的から、分断と攻略という戦略を用いて人々が互いに対立しあうよう仕向けられている。

われわれは、他のすべてのフィリピン人が受けているのと同じことを要求する：

+法の前での平等の保護と待遇
+幸福を追求する同等の機会

＋自己決定の権利
＋公的教育の無償利用
＋われわれの財産（パトリモニー）および、民族の基礎となる習慣や伝統を含む文化遺産への最大限の敬意
＋統治上の権限強化と自治
＋われわれの基本法および土地に関する取り決めにより、あらゆる人権が保証され、認められること。

最後に、鉱山会社が法に従って支払うロイヤルティにより、われわれの生活が良い方向に変わったと考えるのは、はなはだしい誤りである。それは、われわれの民族としての崩壊と引き換えるにはあまりにも少額である。

（追記）いままで、ママヌワはおとなしい民族として知られてきた。しかし、今や仲間たちの多くは団結して戦おうとしている。」

この追記は、考え方によっては恐ろしい可能性を秘めている。絶望的になったグループがテ

ロに走り、過激派組織「新人民軍」（NPA）が彼らのために動き出す可能性だ。政府は、長年の間、この手ごわいゲリラと戦ってきた。政治家や権力者、開発関係者や地元の有力者などが襲われると、NPAのしわざと言われるが、必ずしもそうではないことを市民はよく知っている。NPAは、「ニュー・ピープルズ・アーミー」の略だが、あるフィリピン人から、あだ名は「ナイス・ピープル・アラウンド」で、貧者の味方だと聞いた。

本書を執筆中に、ミンダナオ島南部ダバオの元市長ロドリゴ・ドゥテルテ氏がフィリピンの第一六代大統領に選出されたと報道された。従来、歴代大統領はアメリカ寄りのエリート一族で占められていたが、彼は庶民出身で、「麻薬業者は皆殺し」などの乱暴な発言をしていた。しかし、就任演説の概要を知り驚いた。国軍の大敵だった「共産党」「イスラム」「新人民軍」と和平するという。さらに治安の確保に重点をおき、犯罪者や悪徳業者を追い払うとともに、先住民族のように苦境にある人々の声を聴くという。もし本当であれば（それが問題だが）、今までの大統領とは全く違い庶民の味方と期待される。

新政権の発足によって、鉱山開発の分野にも動きがあった。国家経済開発庁（NEDA）長官にアーネスト・ペルニア氏が任命されたが、彼は「責任ある鉱業を支援する」と述べた。また、環境天然資源省（DENR）の大臣に指名されたジーナ・ロペス氏は、環境保護支持者で鉱山批判者としても知られる。いままで鉱山地球科学局（MGB）によって、フィリピンで操

・開発者は、現地先住民（特に狩猟採集民）についての知識を得ること（人類学者の役割）。
・先住民に開発の効果・利益を理解させる。
・環境と人権の問題は同根であることを認める。
・Royalty の支払い法の検討（現金より公共物で）。
・工事・作業の透明性。環境・人権調査への協力。
・必要があれば、謝罪や補償を考える。
・現地当局と先住民両者の理解と謝意を得るための方策を検討する。
・環境破壊を少なくする鉱山開発方法の研究。

表9　正しい相互理解へ向けて

業中の採掘業者四四社のおよそ半数が環境規制に違反し、中には営業停止処分を受けているとの実態が報告されていた。新政権下では、これを改善すべく、従来なかった厳しい査定が行われ、多くの鉱山業者が資格停止等の処分を受けている。

鉱山開発における環境問題や倫理問題が重視されるようになったのはドゥテルテ氏の政策を反映するもので、好ましいことである。なお、前述の住友金属鉱山（ＳＭＭ）が操業するタガニートＨＰＡＬ社は、厳しい査定をパスしたうえ、二〇一六年度の「鉱業環境賞」にノミネートされている。これは、低品位のニッケル鉱石を用い、自社開発のＨＰＡＬで純化するというエコな新手法と、先住民族に対する支援が評価されたと考えらえる。

二〇一六年六月、私はＳＭＭの東京本社に依頼されて「フィリピン最古の先住民：ミンダナオのママヌワ族について」と題する講演を行ったが、その中で鉱山開発者と先住民の相互理解の必要性を訴えたスライドを用いた（表9）。鉱山開発業者が人類学者に講演を依頼して先住民族について学ぶことは、前例がないと思われる。同社は天正十八年（一五九〇）創業の我が国で最も歴史ある非鉄金属企業で、社是は「信用と確実」「目先の利益に走らない」などであるという。講演の際も、社員の熱心かつ真摯な態度には感心した。

†「資源の呪い」

「フィリピンは、天然資源に非常に恵まれた国であった」と過去形でいわざるをえないのは、実に残念である。四〇年前に私が最初に訪問したとき、山道を歩いているとひっきりなしに大木を満載したトラックが下りてくるので、フタバガキ科の常緑樹が豊富な森林がどんどん失われてゆくことは実感したが、当時は、まだフィリピンの森林の耐久力と政府の自然保護政策を信じていた。フタバガキ科は、とくに熱帯降雨林に多い双子葉植物の常緑樹で数十メートルにも達する高木である。木材はラワン材として利用されるが、成長が遅いため乱伐や乱開発により絶滅が危惧される種も多い。

一九八二年、アグタ族の一部ドゥマガット族を調査するため、ルソン島東北部イサベラ州の太平洋岸にあるパラナンを訪れた。そこに行くにはルソン島北部を南北に走るシェラ・マドレという大山脈を越えねばならず、当時そこには横断道路がなかった。仕方なしに調査費を工面してセスナ機をチャーターし、山越えをした。眼下には黒々とした大森林が延々と続き、人家や道路は全く見えない。

フィリピンの大学関係者に聞くと、これはアジア有数の「手つかず」の大森林で、フィリピンの宝として永遠に保存されるべきだという。しかし、である。最近、三〇年ぶりにここの上空を飛ぶ機会があったが、眼下の光景は見る影もなくなっていた。何本もの道路が走り、大森林は消えていた。

私が一九八二年に訪れた当時、交通の便が悪いパラナンでは、まだ伝統的な遊動狩猟採集生活をするアグタ（ドゥマガット）族のハンターに会うことができた（図20）。彼らは、昼は運がよければイノシシなどを狩り、銛で魚をついたりしている。夜は海岸の砂浜の上に造った、雨露をしのぐだけのごく簡単な差し掛け小屋（リーントウ）に寝て、数日後には家族でごくわずかの荷物を頭にのせてどこかへ移動してゆく。フィリピンで最も貧しい人々ではあるが、都会のスラムに住む人たちとは違い、静かで美しい自然環境の中で、健康そうで表情も明るく、自由で平和な生き方と見うけられた。今、彼らはどうしているだろうか。

ラワン材を産みだすフィリピンの森林が消えたのには、日本の第二次大戦後の復興と高度成長期の住宅需要が大いに関わっている。一九四五年、大戦が終わったときのフィリピンの人口

図20　アグタ族（ドゥマガット）のハンター（パラナンにて1982年筆者撮影）

はおよそ一八〇〇万人だった。当時、国土の五〇パーセント、およそ一五〇〇万ヘクタールが森林である。それ以後、人口は五倍以上に増えたが、森林面積は六五パーセントも減少したといわれる。

次に、フィリピンには豊富な鉱物資源がある。金、銀、銅、ニッケル、亜鉛、クロムが特に有名である。一九九五年にフィリピンの鉱業法の一部が改訂され、それまで主に国内の鉱山会社が担っていた採掘が海外の企業にも開放されたため、二一世紀の今日フィリピンの鉱山開発は一大ブームの感がある。「レア・メタル」（今では、銅やニッケルも）を求めて、世界各地で「メタル・ウォーズ」（鉱物戦争）というべき大変な国家間競争が起きている（谷口正次、二〇〇八）。

さらに、日本とフィリピンという二国間だけの問題ではない。多国籍企業の名のもとに、無責任と不正義が横行し、先住民たちは今までにも増して被害を受けていると聞く。北スリガオ州だけを見ても、大変な数の多国籍企業の鉱山会社が操業している。関与している国は、アメリカ、カナダ、オーストラリア、マレーシア、中国、日本、など一〇カ国を超える。国籍を超えた企業連合を造る目的は、開発規模を拡大するだけでなく、脱税や公害等の責任逃れもあるのではないか。

フィリピンに限らず、資源の豊富な国は、つい安易にそれを「売って」しまい、経済発展だと誤解する。金持ちが泥棒に狙われるように、なまじ資源があるから狙われ、悲劇を生む。森林資源はある程度の再生が可能だが、鉱物資源は「取りっぱなし」が多い。海底などなら被害は少ないが、人間（ほぼすべて先住民）の居住地で採鉱し、事業が終われば廃墟のような土地と公害が残るだけではないか。「資源の呪い」の根は深い。

「先進国は、南の発展途上国の天然資源を収奪して豊かな文明社会を築いてきた。しかし、先進国はそれに対して正当な対価を支払っていない。なぜなら、天然資源の取引価格には、その採取・採鉱のために犠牲になった生態系、生物多様性そして先住民の文化・伝統といった、本来きわめて価値の高いものが含まれていないからだ。収奪によって貧困が助長され、荒廃した土地が残り、生活基盤を失い、その国が豊かになるどころか、最貧国として国民が飢餓にあえぐ、いわゆる「資源の呪い」にとりつかれた多くの国に対して、先進諸国は大きな負債（環境負債）を負っている」（谷口正次、二〇一一）。

これこそ、「植民地主義」という、人間の歴史を泥まみれにした現象がまだ生き続けていること、現代文明の「繁栄」をけん引している「経済発展」という掛け声の欺瞞性を指摘し、同時になぜ今われわれが「先住民」を問題にするのかを説明する。

終章　残された問題

1　植民地主義——最大の人権問題

†植民地の歴史

植民地主義（コロニアリズム）は、文明人が行った人権侵害を伴う蛮行の中でも最たるものであろう。「一四九二年までに南北アメリカ大陸には、当時の全世界人口の約五分の一にあたる一億人ほどの先住民（いわゆるインディアン）が住んでいた。コロンブスの到達後百年以内に先住アメリカ人のほとんどが死滅し、彼らの世界はヨーロッパ人に強奪された。そして先住民の代わりに、アメリカ大陸に定住した略奪者たちが、「アメリカ人」として知られるようになった」（ロナルド・ライト）。

先住民の人口の激減の最大の原因は、武器による殺傷ではなく、意図的ではないにせよヨーロッパ人の「細菌兵器」によるものである。天然痘、はしか、インフルエンザ、コレラ、腺ペストなどは、古くから旧世界の感染症で、住民には免疫ができていた。しかし、地理的に隔絶した南北アメリカ大陸や太平洋の島々などの住民は、これらの病気を経験したことがなく、免疫力がなかった。征服者（コンキスタドーレ）の到達後の約一〇〇年間にアメリカ大陸の総人口の九割にあたる九〇〇〇万人もの先住民が死んだという。人類史上最初で最大の大量殺戮（ジェノサイド）といえよう。

植民地主義は、国家主権を国境外の領域や人々に対して拡大する政策活動と、それを正当化して推し進める思考を指す。それは、古代ギリシャなど古代文明の時代にも存在したが、歴史上もっとも組織的な植民地の獲得競争が開始されたのは大航海時代（一五～一六世紀）以降である。主役はほぼ全員ヨーロッパ人で、いわゆる新大陸（南北アメリカ）へのスペイン人の侵略が幕開けとなった。

第一にクリストファー・コロンブス（イタリア人だがスペイン王のために働いた）の数回にわたる西インド諸島（ハイチ等）への渡航と侵略（一四九二～一五〇四）、第二にエルナン・コルテス（スペイン人）によるアステカ王国（現在のメキシコの一部）の壊滅（一五二一）、第三にスペイン人ペドロ・デ・アルバラードによるマヤ文明（現在のメキシコ、グアテマラの一部）の破壊（一五四一）、そして第四にスペイン人フランシスコ・ピサロによるインカ帝国（ペルー・アンデス）の植民地化（一五三二）である。

これら初期の植民者たちは、それまで旧世界にとって全く未知だった新世界を初めて見て、高度な文明があることに驚く。しかし、キリスト教から見れば異端者である住民に対する敬意は皆無で、単に豊富な金銀財宝に目がくらみ、目新しい作物にも興味をもち、それらの獲得だけが目的となった。また、物資の強奪だけでなく、殺人や民族抹殺（エスノサイド）自体が目的化したかのような残酷なシーンが、ラス・カサスの著書によって世に知らされた。

バルトロメー・デ・ラス・カサス（一四八四〜一五六六）は、もともとコンキスタドーレの一員としてエスパニョーラ島やキューバ島での征服戦争に参加した。しかし、同じスペイン人の進める征服のあまりの非道・悲惨な実態を目の当たりにして「改心」し、以後は一貫してスペインの新大陸征服の正当性を否定し、被征服者インディオの擁護に尽くす聖職者となった。

モンテーニュは、『エセー』の中の「人食い人種について」という章で次のように書いている。「新世界は、ほんの幼い無垢な世界だったのに、旧世界と接触することで、退廃の憂き目にあうだろう。いや、もうそれは始まっている」。

「自分の習慣にないものを野蛮（バルバリー）と呼ぶならば別だけれど、わたしが聞いた所では、新大陸の住民たちには、野蛮（バルバール）で未開（ソヴァージュ）なところは何もないように思う。

本当のところ、われわれは、自分たちが住んでいる国での、考え方や習慣をめぐる実例とか観念以外には、真理や理念の基準をもちあわせていないらしい。あちらの土地にも、完全な宗教があり、完全な政治があり、あらゆることがらについての完璧で申し分のない習慣が存在するのだ。

かれらは野生（ソヴァージュ）であるが、それは自然がおのずとその通常の進み具合によって生み出した果実を、われわれが野生（ソヴァージュ）と呼ぶのと同じ意味合いで野生なのである。本当のことをいえば、われわれが人為によって変質させ、ごくあたりまえの秩序から逸脱させてしまったものこそ、むしろ、野蛮（ソヴァージュ）と呼んでしかるべきではないか」（フランス語のソヴァージュには、「野蛮な」と「野生の」の両意がある）。

新世界のほうが、旧世界よりも自然状態に近い。そして、母なる自然は、モンテーニュにとってつねに善であり、彼はそれを人為と対立するものとして賛美する。人は自然に近ければ近いほどよい。つまり、新世界の男女は、コロンブスの到着以前のほうが、よき生を営んでいたということである。われわれが新世界を征服できたのは、優れた道徳によるのではなく、野蛮な暴力のせいである。モンテーニュは、スペイン人入植者たちがメキシコで行った残虐な所業や、彼らが横暴にもすばらしい文明を破壊してしまったことを記した初期の文書（フランシスコ・ロペス・デ・ゴマラ『インド通史』一五五二）を読んだ。彼は、植民地主義に対する最初の批判者のひとりである（アントワーヌ・コンパニョン）。

一五八八年、イングランドとの海戦に敗れたスペインの覇権が凋落すると、オランダ、ポルトガル、イギリス、フランス等による植民地が世界各地にできる。先住民の人権上とくに問題が多いオーストラリアの例について述べよう。

一七七〇年、イギリスのキャプテン・クックが現在のシドニーの近くに上陸し、ここは「無主の地」であり、すべての土地は女王のものになると宣言した。その後イギリスの囚人流刑のための植民地となり、当時おそらく一〇〇万人はいた先住オーストラリア人（アボリジニ）は、辺境の地に追いやられ、スポーツ・ハンティングによる殺人を含む甚だしい虐待や人権無視の政策によって人口は九割近くも減少したといわれる。

一九世紀後半から二〇世紀初頭にかけて、数万から一〇万人ものアボリジニの子どもが親から強制的に引き離され、収容所や孤児院に送られた結果、アボリジニとしての文化やアイデンティティが失われた。これを「盗まれた世代」と呼ぶ。植民者による先住民の文化と人権に対する重大な侵害の例である。

オーストラリアの南方海上にあるタスマニア島（州）は、オランダ人のアベル・タスマンが

図21　トルガニニ（タスマニア民族最後の一人）の肖像（1870）Wikipedia による。

一六四二年に初めて到達した。この島がイギリスの植民地となるのは、一八〇三年にニューサウスウェールズ州（オーストラリア）より流刑者や看守が送られてきてからである。当時、この島には約五〇〇〇人（一説では一万人以上）の先住民（タスマニアン・アボリジニまたはパラワ）が暮らしていた。タスマニアが人類学者からとくに注目されるのは、ここが民族絶滅（エスノサイド）の地だからである。

植民者が持ち込んだ感染症の流行、反乱を疑われての集団的殺戮、レイプ、さらにはスポーツ・ハンティングと、ありとあらゆる蛮行によって、わずか七〇年ほどの間にタスマニアン・アボリジニはほぼ全滅した。最後の一人、トルガニニという女性（図21）が死んだのは一八七六年五月八日のことだった（松島駿二郎）。

一九八〇年代のある日、私はサウスオーストラリア州のアデレードの自然史博物館を訪問した。一般公開の展示室にガラスケースに入れられた一体の立位のヒトの全身骨格があるのに気づいた。説明を見て驚いた。これこそ、最後のタスマニア人トルガニニの骨格標本であった。あるいは複製だったかもしれないが、私には本物の人骨標本に見え、一つのエスノサイドを実感して感慨無量だった。

今では考えられない、人権無視の展示である。その後、この骨格はアボリジニの協会の手で埋葬されたと聞く。博物館等での人骨展示については、いろいろな意見があろう。人骨に対する考えや扱いについては文化により大きく異なる。亡くなった家族の頭骨を自宅で大事に保存する習慣もあれば、西欧のキリスト教文化のように、人骨は魂が抜けた残物にすぎないとされ、教会の地下室（カタコンベ）に山積みにされて公開するケースもある。

医学や人類学では、人体の構造を科学的に理解するための手段として、人体骨格標本が展示される。先史考古学・人類学でも、古代人の遺骨が博物館に展示されているのは普通の事で、このことを非難する人は少ないと思う。では、トルガニニの遺骨の展示は何が問題なのか。それは、個人を明瞭に識別できる人間の遺骨を一般人の前にさらすという人権無視の態度と、植民地主義の被害者であった先住民の遺骨を、罪悪感への反省もないまま、単なる標本として展示したという二重の罪である。

文明の発展の一幕としての植民地主義の原因は、近代西欧諸国の産業資本主義の資源獲得への要請である。一八世紀半ばからの英国の産業革命は、植民地から得た大量の資源なしには成し遂げられなかったであろう。しかし、その他に、搾取の動機には西欧の王侯貴族や富裕な権力者の宝物嗜好と所有欲、虚栄や威信などがあった。植民地時代以前の西欧庶民の食事の貧しさも考慮に入れる必要がある。アメリカ先住民が栽培していた次のような食材がなかったら、ヨーロッパ人の食卓がどんなに貧弱なものだったか想像してみるとよい。トウモロコシ、ジャガイモ、カボチャ、サツマイモ、インゲンマメ、落花生、トマト、トウガラシ等。

恐ろしいことに、ここでいう資源には人間も含まれていた。奴隷にされた先住民である。一般に奴隷（スレーヴ）は、自己の意思に反して人格を否定され、他人に隷属・使役させられる人間のことである。古代ギリシャでは戦争の捕虜が奴隷として売買された。奴隷という存在の起源は古く、少なくとも数千年前の古代文明まではさかのぼる。より古い新石器時代、たとえば日本の縄文時代にも奴隷がいたと考える研究者もいるが、どうであろうか。古典的な狩猟採集民は奴隷をもたなかった。

アリストテレスは、「奴隷は生まれついての存在」と述べた。しかし、このことで彼を批判するのは筋違いだろう(ルイス・ハンケ)。彼は現実主義者で、生き物は「泥の中から生まれる」などの言明で知られるように、目に見える存在を実体と考えた。当時は、奴隷が社会の「当たり前」の存在だったので、アリストテレスはこれを「あるべき姿」ととらえたのであろう。彼に責任があるとすれば、それは彼があまりにも高名で後世への思想的影響力が強かった点にある。

一六世紀に植民地全盛期を迎えると、戦争とは無関係に資源または純粋の商品獲得としての「奴隷狩り」や「奴隷売買」が頻繁に行われるようになる。一八世紀にはイギリスのリヴァプールから出港し、銃器等を西アフリカでとらえられた黒人と交換し、荷物のように船に詰め込んで西インド諸島に運び、砂糖等と交換してイギリスに持ち帰る「三角貿易」が流行した。

一九世紀初頭にイギリスで奴隷貿易禁止令が出るまで、約三世紀にわたり行われた奴隷貿易によって、大西洋を渡った(または途中で死んだ)アフリカ先住民の数は、九〇〇万ないし一一〇〇万人といわれている(S・エヴェレット)。驚くべき数字である。しかも、虐待の加害者はヨーロッパ人、被害者はアフリカ人と決まっていた。西欧諸国の植民地主義の背景に、「有色人種」への差別意識があったことは容易に推測できる。

植民地主義の思想的背景としての人種差別意識は、現代でも生き続けている。前章で扱った「資源の呪い」の原因にもこれが関与しているだろう。現代のアフリカの一つの例を挙げてみたい。ナイル川には、体長一メートルを超えるスズキ科のナイル・パーチがいる（日本のアカメに近縁で肉は白身で美味）。ヨーロッパ人はこれに目をつけ、ヴィクトリア（タンザニア）湖に放流して大繁殖させ、地元に一大漁業ブームを巻き起こした。

その結果、著しい多様性を示していたシクリッド（カワスズメ）など在来の固有魚種は食害によってほぼ全滅し、環境破壊だけでなく地元の伝統的漁民にも大損害がでた。ヨーロッパ人がナイル・パーチをヴィクトリア湖に導入したのは、地元民の食糧確保のためではない。むろん、自己の経済的利益を狙ってのことである。大きく育ったナイル・パーチは現地に建設された加工処理工場で解体され、切り身は日に何十トンという規模でヨーロッパや日本に空輸される。ところが、現地人には切り身をとった残りの頭と骨の部分だけが与えられるのである。

さらに、あくどいヨーロッパ人たちは、魚を受け取りにゆく飛行機に、ひそかに武器・弾薬を積んでいるという。現在、アフリカ諸国で戦乱やゲリラ闘争が絶えない悲惨さの背後には、この現代に生きる植民地主義が潜んでいる。いったいどこまで、人類の揺籃の地でもあるアフリカを食い物にするのか。これは単なる商業道徳の問題ではない。ヨーロッパ諸国の歴史認識が問われているのである（DVD『ダーウィンの悪夢』）。

かつての植民地が第二次大戦後に独立をはたした後でも、欧米の元宗主国によって経済的支配を受け続けている状況（新植民地主義）は、アフリカ等ではほとんどの国に当てはまるのではないか。なお、むろん、植民地支配は欧米の専売特許ではない。中国によるチベット「解放」やわが国のいくつかのアジア諸国への支配が植民地主義に基づいていたことは大方の認めるところであろう。

ここで注目すべきは、同じヨーロッパの国でも植民地の争奪戦に巻き込まれなかったスウェーデン、ノルウェー、フィンランド、デンマークなどの北欧諸国である。これらの国は決して大国ではないが、文化や福祉、教育という分野での幸福度では世界のトップクラスに位置する。この事実は何を意味しているのだろうか。

植民地主義の源流には、人間社会に関する誤った観念がある。それは、社会には身分・階級がつきもので、「支配者」と「被支配者」があり、最下層には奴隷がいるという固定観念である。このことは、プラトンもアリストテレスも述べているように、古代ギリシャでは事実として信じられていた。アリストテレスによれば、人間関係の第一の基本は「男と女」であり、次は「支配と被支配」の上下関係であるという。

群れをつくる動物の社会では、リーダーや役割の違う成員が存在することが普通である。社会性昆虫(アリ)の集団には、職業階層や奴隷に比定される構造が見られる。哺乳動物でも、種によってさまざまな社会構造があり、個体間の役割の違いや強弱関係が存在する。われわれに身近なニホンザルでは、厳密な「順位制」に従ってムレが構成される。

では、階層性や身分制もヒトという生物種の特徴の一つなのだろうか。そうではあるまい。第五章で述べたように、遊動性狩猟採集民ではリーダーはいるが、階級、ましてや奴隷は見られない。このようなケースが見られたという野外調査があるかもしれないが、現在の狩猟採集民はさまざまな文明の影響を受けているので、本質的な発見といえるか疑問である。私が関係したフィリピンのネグリト人でも、能力によって選ばれたリーダー（ダトゥ）はいるが、階級や、まして奴隷は一切みられなかった。

†格差と暴力

人間社会の身分制、階級制、奴隷制等は、ヒトという生物種に固有な特徴ではなく、文化および文明の産物である。一人の人間は、王や大富豪であろうと、貧者やホームレスまたは奴隷であろうと、老若男女や出身地を問わず、ヒトとして完全に同等である。それは、DNA（自然）によって証明できる真実である。しかし文明下では、人間の「価値」に天と地の格差が生じている。ここにヒトの自然と人為の矛盾がある。自然としてのヒトと、文化によって価値づけられる人間のどちらをとるか、判断の分かれ目である。

身分や階級という現象はいかなる起源をもつのだろうか。人間関係の根本に「支配と被支配」があるとの考えは、原因と結果の取り違えではなかろうか。支配・被支配という現象が先にあるのではなく、文明の発達過程で強者（権力者）と弱者（非権力者）が生じた結果、前者が後者を支配する状況が生まれたと考えられる。

では、なぜ強者と弱者が生じたのか。むろん、いまさら社会ダーウィニズムが主張する生物界の弱肉強食、はては食物連鎖の現象を持ち出すのは時代錯誤である。第五章で述べたように、強者と弱者、または格差という現象の起源は農耕・牧畜の開始によって土地や産物の個人による所有が始まったことに求められるべきであろう。そして、初めは小さかった個人間の富と権力の差異が、第六章で述べた文明要素の定方向・自働拡大原理（台風モデル）によって、急速に増大した。

今や、個人間の経済格差、国家間の権力格差は修復不可能なレベルに達している。一握りの大富豪が国家や世界の経済を支配すること、資本主義経済が生んだ貧困と格差、何百倍ものGDP相違がある国家間の経済格差等は、地球人としてのヒトにとってなんとも不合理である。大国はもともと大きかったわけではない。アメリカの歴史には、消すことのできない二つの「原罪」がある。第一は先住アメリカ人の抹殺、第二は組織的に輸入されたアフリカ人奴隷の使役である。このことへの反省なしに、アメリカ人が世界で尊敬されることはない。拡大しすぎた格差は、人口増大や環境破壊と共に現代文明の矛盾である。

人間の今一つの大問題は戦争である。第五章でも述べたが、今一度検討しておこう。暴力

（ヴァイオレンス）と攻撃性（アグレッション）という二つの概念があり、これらが人間の戦争の原因であるとする論調がある。しかし、暴力と攻撃性の概念については、さまざまな意見があり、その違いを単純に説明することができない。私は、次のように理解している。

攻撃性は、人間だけでなく広く動物の世界にみられ、他の個体に危害を与える行動をもたらす傾向である。その結果、現実に他の個体やグループに対して意図的に乱暴な力を振るい、相手を傷つけ、場合によっては死に至らしめる行為が暴力である。つまり、攻撃性は暴力より広い概念で、暴力はどちらかというと、人間について用いられる。

一般に動物の種間には食物連鎖にもとづき殺しに至る争い行動が見られる。また種の内部にも、配偶者を得るための競争や縄張りをめぐっての闘いが見られるが、原則として殺し合いに至ることはない。「種内の殺し合いはない」というローレンツの主張に対しては、チンパンジーの例を引く反論がある。しかし、近縁種ボノボはチンパンジーとは異なり、平和な社会をもつ。いかつい姿のゴリラの社会も、同様に平和的である。たぶん、チンパンジーの方が例外であろう。

ヒトの攻撃性は、男性が狩猟の際に大型動物や捕食動物を相手にするとき必要なため、闘争反応を引き起こす脳機能が進化した結果と考えられる。しかし、少なくとも現生の古典的（遊動）狩猟採集民では、殺し合いは偶発的で、とても戦争といえるような組織的なものではない。

先史学や民族学の資料によれば、狩猟採集民の中でも「豊かな食料獲得民」では戦争が知られている。第五章で述べたように、狩猟採集民でも定住をし、園芸もしくは多少の耕作を行うことによって人口が増え、社会組織の複雑化や交易等が見られるようになることがある。さらに、農耕民や都市文明の影響を受ける場合には、戦争の可能性は高くなる。しかし、豊かな食料獲得民であった縄文人には、弥生人の渡来後でも、戦争の証拠は発見されていない。

人類学者の間でも、戦争の起源に関する考えは二つに分かれている。一つは、戦争がすでにヒトの誕生と同時にあった、生物としての攻撃性・暴力が原因だとする。別の考えでは、戦争は農耕の開始以後にはじまった。その直接的原因は、「人口増大」と「土地および富と権力」の私物化・獲得競争という文化にあるとする。私は、後者の立場である。

†アイヌ民族と先住アメリカ人

豊かな食料獲得民の戦争として、身近なところでは北海道でアイヌ民族が本土人植民者に対して蜂起した四回の例が知られる（表10）。時代的には、ほぼコロンブスのカリブ海諸島への到達（一四九二）からアメリカ独立戦争（一七七五）までの約二八〇年間で、現在のアメリカ合衆国が基本的に形造られた時期に相当する。ここでは、アイヌ民族と先住アメリカ人の戦争の若干の例によって、植民地の形成における類似性を見てみたい。

1．コシャマインの戦い（1457）
＊応仁の乱（1467-77）
＊＊コロンブスのアメリカ到達（1492）

2．ヘナウケの戦い（1643）
＊島原・天草の「乱」（1637-38）
＊＊ピークォート戦争（1637）

3．シャクシャインの戦い（1669）
＊幕藩体制確立（1649）
＊＊インディアン撲滅論（1675）

4．クナシリ・メナシの戦い（1789）
＊天明の大飢饉（1782-87）
＊＊アメリカ独立戦争始まる（1775）

表10　アイヌ民族の４度の戦い、および同時代の日本本土（＊）およびアメリカ（＊＊）の出来事（尾本，2004）

榎《え》森《もり》進によれば、江戸時代の少し前まで、アイヌ民族の居住地は北海道から東北地方の最北部にまで広がっていて、両地域のアイヌ民族は津軽海峡を越えて自由に交流していたと考えられる。しかし、幕藩体制が確立すると、アイヌ民族の居住地は北と南に分断され、北海道アイヌは松前藩に、津軽アイヌは津軽藩に、また下北アイヌは南部藩にそれぞれ支配され、互いに自由に往来することができなくなった。

松前藩の経済基礎は他の藩とは異なり、土地（米作農業）ではなく、将軍から認められた、アイヌ民族との交易の独占権にあったことが、その後のアイヌ民族の運命を左右することになる。アイヌ民族は、自ら本州との交易をすることができなくなり、松前藩の「商い場」でのみ和人との交易が許されたが、自由な交易ではなく、次第に不利な条件を飲まされた。

本州で北海道の産物（コンブやサケ、タカなど）の需要が高まるにつれ、松前藩はアイヌ民族との交易だけでなく、漁場経営を始め、アイヌ人を労働力として利用するようになる。その結果、アイヌ人の強制連行が横行し、成人男子を失ったアイヌの村落（コタン）は破壊に追い込まれた。後年、江戸時代末に蝦夷地を探検し、「北海道」の名付け親ともなった松浦武四郎（一八一八〜一八八八）は、当時のアイヌ民族の惨状を克明に記録して江戸幕府に報告した（佐江衆一）。彼は、現在でもアイヌの人々に愛される数少ない和人の一人である。

前にも述べたが、アイヌ民族のもっとも有名な戦争は「シャクシャインの戦い」である。日本本土では江戸時代の幕藩体制が確立して鎖国が完成してしばらくたった一六六九年のこと、アメリカでは一六七五年に「インディアン撲滅論」が出される少し前の頃だった。

近世初頭より、日高地方では漁業をめぐって、メナシクル（東の人）とシュムクル（西の人）と呼ばれた二勢力の間で争いがあった。前者は現在の新ひだか町静内地区にあたるシブチャリ地域、後者は現在の日高町門別地区にあたるハエ地域に住んでいた。一六六八年、シブチャリ・アイヌの首長シャクシャインが、ハエ・アイヌの首長オニビシを殺害した事件をきっかけに、両集団間の対立は急速に悪化した。

オニビシ側は、松前藩に援助を申し入れたが断られた上、使者が天然痘で急死した。これが、松前藩による暗殺だとの誤報によってシャクシャインは東西蝦夷地のアイヌ人集団に、和人に対する一斉蜂起を呼びかけた。一六六九年五月、日ごろから和人による収奪に不満をもっていたアイヌ人が、白糠《シラヌカ》から増毛《マシケ》までの広い地域で決起し、和人の商船一九艘を襲撃、和人二七三人を殺害する事件となった。

なお、他の先住民と同様に、アイヌ民族も植民者から感染した伝染病（天然痘、はしか、コレラ、性病、結核）によって人口に大打撃を受けた。とくに北海道西部で影響が大きく、一八二二年の九六四二人から一八五四年には五二五三人と、わずか三〇年間に人口が五四パーセントに減少した（児玉作左衛門）。

松前藩は、直ちに家臣を国縫《クンヌイ》（現在の長万部町）に派遣して防御の準備をさせるとともに、幕府に急報した。島原の乱（一六三七〜八）の後で、アイヌ民族の背後に清国がいるとの疑念もあったため幕府の受けた衝撃は大きく、松前泰広に出陣を、弘前藩に援軍を出すよう指示した。一六六九年一〇月、泰広は和睦と偽って誘い出したシャクシャインに毒酒を飲ませて殺害した。その後、七一年までに反抗するアイヌ民族を鉄砲の力で鎮圧、二度と反乱をしないとの誓約書を出させて絶対的服従を約束させた。こうして、松前藩によるアイヌ民族の支配は、ますます強化されていった（平山裕人）。

和睦に見せかけて敵将を毒殺する例はインカ帝国を滅ぼしたピサロなど、文明人植民者の常套手段である。しかし、狩猟採集民のアニミズム世界では、口にすることは「言霊《ことだま》」であり、

「嘘ではない」との基本認識がある。これでは、手段を択ばず戦い慣れした植民者との争いに勝てるはずがない。先住民側が植民者を撃退した例がほとんどない所以である。

富田虎男によれば、ヨーロッパ人が来る前、現在のアメリカ合衆国に相当する地域には約二〇〇万人の先住アメリカ人が住み、多様な文化を花咲かせていた。この地に最初に侵入したのは、スペイン人エルナンド・デ・ソートで、一五三九年にフロリダに上陸しミシシッピ川上流部にまで進んでいる。同じ頃、コロナドの一隊はメキシコより北上してプエブロ族の地域に侵入した。

彼らの目的は、むろん金銀の獲得である。南米の三大文明を滅ぼして大量の金銀を奪ったコンキスタドーレの「大成功」の再現を夢見ていたに違いない。しかし、この目論見は果たせず、彼らは植民地経営をあきらめる。その後、フランス人、イギリス人、オランダ人が植民地を造るのは一七世紀になってからである。

まず、一六〇七年にイギリス人がヴァージニアに植民地を造る。先住民と白人の関係は、初めのうちは友好的な交易中心のものだったといわれる。しかし、イギリス人はその地の先住民ポーハタン族からトウモロコシを得るのに次第に暴力的になり、一六一九年以降は植民者の人口増大のため一方的な植民地経営を行うようになった。

ヨーロッパ人が持ち込んだ病原菌による被害はここでもひどく、例えば、一六一六年にニューイングランドの沿岸にもたらされた天然痘と黄熱病と推定される伝染病によって、当時約二万五〇〇〇人いたアルゴンキン系部族のうち三分の一ないし二分の一が死亡した。このような災害は、結果としてヨーロッパ人による先住アメリカ人の「清掃」の役目を果たした。

一六二〇年一二月、メイフラワー号で到着したピルグリム・ファーザーズが上陸したプリマスも、先住民のパタクセント族が病気によってすでに「清掃」されていた地だった。したがって、この清教徒（ピューリタン）たちは「神が病原菌をつかわして、われわれの行く手を清め給うた」ことに感謝すればよかったのである。

一六三〇年からのマサチューセッツ湾植民地の建設も、プリマスと同様に伝染病によって「清掃」された海岸部の利用から始まった。しかし、一〇一人のピルグリムの一団とは違い、ジョン・ウィンスロップ率いる入植者は一〇〇〇人を数え、さらにイギリス本国におけるピューリタン弾圧の影響もあり、海岸部の「空き地」をたちまち埋め尽くし、内陸地方へ向かった。この膨張の勢いは、タウンに一括して土地を下付するマサチューセッツの土地制度によって、いっそう促進された。

しかし、そもそもアメリカの土地はいったい誰のものか。ピューリタンたちは、他のヨーロッパ人と同様に、「発見」の権利によって土地所有が認められるべきと主張した。また、土地に対する権利は、そこを占有するもの、そこに定住し耕作するものにあり、占有ないし居住されていない土地は、没収して耕作者に明け渡すべしともいわれた。

一方、オランダ人は、コネティカット川下流一帯を支配するピークォート族から土地を購入していた。これに対抗して、プリマスのイギリス人たちも土地を購入することがあったが、一般には上述のように「発見」した土地は国王のものとの一方的な法的根拠の上に、占有または定住すれば所有権が生まれるとの論理で「清掃」が強行された。しかも、「神われにあり」というピューリタンの信条が異教徒である先住アメリカ人をサタンの手先と見立てさせ、その撲滅＝「清掃」と「植民」を正義の行為として正当化した。

ヴァージニアのポーハタン族と同様に、追い詰められたピークォート族は、一六三七年ついに蜂起して反撃に転じた。しかし、マサチューセッツ遠征軍の夜襲と放火によってピークォート族は五〇〇人以上の戦死者を出して壊滅した。生き残った女・子どもは、ピューリタンの手によって奴隷として西インド諸島に売られた。長老コトン・マザーは、「この日、われわれは六〇〇人の異教徒を地獄に送った」ことを神に感謝したという。

さて、北海道でシャクシャインの戦いがあった一七世紀後半、アメリカでは「インディアン撲滅論」が出てくる。きっかけは、ニューイングランドで起きた「メタカムの戦い」とヴァージニアで起きた「ベーコンの反乱」という事件であった。メタカムはワムパノアグ族の大酋長である。彼は、プリマス植民地当局による嫌がらせや侮辱に憤激し、一六七五年に単独で蜂起

1．接触段階：交易、比較的平和な関係 2．武力制圧と抵抗運動： 　植民者の一方的な論理の押し付け、先住民の分断化、だまし討ち 3．同化政策：固有の文化を否定 4．新たな対等関係へ： 　多様な文化を認める 　民族の自主性を尊重する 　世界の人類の一員としての自覚 　先住民からのメッセージ

表11　先住民に対する植民者の態度の変遷過程（尾本，2004）

しゲリラ戦を挑んだ。神出鬼没のメタカム軍は植民者を恐怖に陥れた一方、他の諸部族が総決起するための導火線の役割を果たした。

ついで、同年八月から翌年四月まで、メタカムの善戦を見た諸部族が次々に陣営に加わり、ニューイングランド部族連合による植民者に対する全面戦争に突入した。植民者側は大打撃を受けたが、先住民側も食料・武器の不足等から戦力低下をきたす。以後、植民者軍が反撃に転じ、孤立して故郷に戻ったメタカムを殺害して首をプリマスの広場でさらしものにした。

一方、ヴァージニアでは、一六四六年にチェサピーク族との和平条約が締結され、彼らの保留地が確保されたため、比較的平穏な時期が続いた。しかし、一六五〇〜六〇年代にタバコ生産のため大勢の入植者が移住してきて土地を要求する声が高まる。そして一六七五年、ちょっとしたいさかいを契機に、植民者側の大部隊による先住民サスケハノック族への攻撃が始まり、休戦旗を掲げて交渉にきた五人の部族長が殺害される。

怒った先住民側は徹底抗戦を決意し、殺害された五人の部族長の償いとして五十人の白人を殺害し、これで報復を終える旨を植民者のバークレイ総督に申し出た。彼は、この和平案をのみ、軍隊を撤収させたが、土地の開放を求める植民者たちはこれを宥和策と非難し、安価かつ即効ある対策として「インディアン撲滅戦争」を主張した。

そして、これが受け入れないとわかると、タカ派で有名なナザニエル・ベーコン率いる義勇軍が総督側に反逆して、首都ジェームスタウンは破壊された。この戦いはベーコンの病死によって終わったが、その背景にはアメリカの植民地化過程のさまざまな問題がある。

アイヌ民族と先住アメリカ人のその他の戦争と歴史については他書にゆずり、両者に共通にみられる、先住民に対する植民者の態度の変遷過程を表に示しておこう（表11）。

2 自己規制する発展は可能か

†破綻する文明——プライオリティは環境と人権

第六章で述べたように、ジュリアン・ハックスレーは進化の四段階説を唱えた。「宇宙の進化」「生物の進化」「人類の進化」そして「自己規制する進化」である。彼は一九六〇年代にすでに、現代文明が人類進化の最終段階に達しており、その発展には自己規制が必要であると考えていた。一九七〇年代には現代文明の進歩・発展至上主義に対する批判が相次ぎ、チャンス到来かと思われたが、資本家や政治家の賛同がえられず、自己規制はできなかった。超有名人、アメリカ副大統領でノーベル平和賞受賞者のアル・ゴアの『不都合な真実』（二〇〇六）がかなりの影響を与えたものの、目に見える自己規制はこれまで実現していない。

一九七〇年代の批判から、ほぼ半世紀がたった今、自己規制の必要性はますます増えている。とめどない経済格差、増加するテロと難民、環境破壊と人権侵害の末期的症状を抱えた文明の中で、今世紀中には一〇〇億に達するといわれる人口をどうやって支えてゆくか。今までの進歩・発展至上主義では副作用があまりにも大きすぎる。あらためて「地球は誰のものか？」を問い、富と権力の集中を防ぎ、進歩の速度と規模を修正する必要がある。

最近、井田徹治（二〇一二）は、地球環境問題の現状をわかりやすく解説しているので一部を紹介したい。本部がスイスにある国際的自然保護団体の世界自然保護基金（ＷＷＦ）は、「生きている地球レポート」で総合的見地から地球環境問題の現状を報告している。ここでは、人間が地球環境に与える「負荷」を、人間が生態系に残した足跡の意味の「エコロジカル・フットプリント（ＥＦ）」という指標で数値化している。これは、廃棄物の重さ、二酸化炭素の量、伐採する森林の量、河川由来で使用後に排出される水の量、埋め立てにより破壊される湿地の面積などから求められる。

地球の生態系の許容力の指標は「バイオキャパシティ（ＢＣ）」と名付けられた。森林、湿地、草地、海洋などの生態系の面積と、その中にいる代表的な生物の数、森林が吸収する二酸化炭素の量や汚染物質処理量などから算出される。

地球全体のＥＦは、一九八五年ごろまでは地球の許容量の範囲内にあった。この頃まで、環境問題は特定の地域に限定されていた。しかし、環境問題が地球規模の広がりを見せるこの頃から、ＥＦはＢＣを超えて増加してきた。なお、八五年は、南極のオゾンホールが確認された年である。

二〇〇五年のＥＦは約１・３である。つまり、人間全体が地球に与える負荷を吸収・処理するには地球が1・3個分必要であることになる。日本人に当てはめてみると、この値は2・3となる。世界のすべての人間が現在の日本人並みの消費生活をしようとすれば、地球が2・3個分必要になる。さらに、EFが世界で最大のアメリカとアラブ首長国連邦に当てはめてみれば、なんと、地球が4・3個分必要となる計算であるという。

前章で私は、文明と台風の類似性について述べた。台風を止めることはできないが、被害を最小にするための方策がとられる。同様に、いまさら文明を中止することはできないが、環境・人権等への影響をできるだけ少なくする努力をすべきである。上述のような環境問題の数値データが出されているのに、なぜもっと早く対応できないのか。先進国とくに大国のエゴ（ノシズム）と地球全体を考える発想の欠如、ならびに国連の機能不全が致命的といえよう。

人権侵害は、環境問題よりはるかに古い歴史をもつが、現代文明のもとでますます多様化、大型化している。一九六一年設立、一九七七年にはノーベル平和賞を受賞したNGO国連アムネスティ・インターナショナルによれば、「女性の権利」「難民と移民」「テロ」「児童労働」「人身売買」「先住・少数民族」「拷問・殺人」等々は対応している問題のほんの一部である。人類の文明はその発生以来、いったい進歩したといえるのか。

二〇〇一年九月一一日のアメリカ同時多発テロ事件以降、「戦乱の火種」はそれまでとは質的に異なるものとなった。「イスラム国」（IS）に代表される過激派の組織的なテロの拡大と、その結果生ずる大量の難民の問題は、二一世紀が直面する文明崩壊の危機を予感させる。西欧諸国は、「暴力には暴力で」として爆弾で対抗しているが、ISとの闘いは収束するどころか、中近東からアフリカへかけて過激派勢力はますます増えている。

さらに、シンパとおぼしき少数者によるテロは世界的に拡散し、これを完全に防ぐことはできない。本当の恐ろしさは、過激派集団が核や生物兵器を使用する可能性にある。第六章で紹介したレヴィは、著書に「世界の終焉」（ドゥームズデイ）というタイトルを用いた。これは大量の死者が出て、都市が広範囲に破滅的打撃を受ける状況である。しかし、人類学者の私には、そのような物理的壊滅よりもっと現実的で、すでに起こりつつある「人間性の質的破綻」がより大きな不安要因である。ここで「人間性の質」（クオリティ・オブ・ヒューマニティ：QOH）とは、「生活の質」（クオリティ・オブ・ライフ：QOL）からの連想による造語である。

両者はどこが違うのか。QOLは「物理的な豊かさやサービスの量、精神面を含めた生活全体の豊かさと自己実現の概念」である。一方、私がいうQOHとは、「自然と文化の両面から見たヒトの原点の表出」を意味する。この点でわれわれは狩猟採集民（第五章）の社会に学ぶ点があるのではなかろうか。

これらの人々を単に貧困対策の対象と考えるのではなく、ヒトの原点の「生き証人」としての自然と調和した生き方を教えてもらうべきである。

それは、富裕を求めるのではない、「ヒトとしてふさわしい生き方」である。「飢えない程度の食事」、「安定した家族」、「仲間たちとの共感」、「大事な子供と年寄り」「伝統こそ文化」、「食物・物品の平等分配」「脱・身分差別」といった条件がかなえられることが幸福ではないか。

名前通り運転手不要の自働車や、現在の新幹線で十分なのに、何故、少しでも早く大阪につきたいと、大金を投じてリニアモーターカーなど造る必要があるのか。これ以上ロケットを打ち上げて、宇宙ゴミを増やすのもやめてもらいたい。個人的な感想だが、宇宙利用・研究より、もっと身近な地球、たとえば深海の環境・資源の研究を優先するべきではないか。

†ヒトの能力――共感と利他主義、そして反省

どんな民族にも存在し、ヒトの特徴といってよい「笑いと涙」は、個体関係を円滑にする共感（エンパシー）の発現である。同情（シンパシー）と似た感覚だが、個体間で喜びや悲しみの感情を互いに共有することによって、攻撃性を低下させることができる（ドゥ・ヴァール）。われわれ都会人では、「笑いと涙」に文化による違いがある。たとえば、英国人のジェントルマンは、人前で泣いたり笑ったりするものではないと教育される。一方、韓国では、葬式の際に雇われて大声で泣きわめく商売がある。

狩猟採集民は、ごく自然に泣き、笑う。まるで子どものようである。娯楽が少ない彼（女）

らの生活では、ほんのちょっとしたことに笑い、泣く。一九七〇年に私はオーストラリアの北部（メルヴィル島）と中央部（アリス・スプリングスおよびユエンドゥム）でアボリジニの人々を観察する機会をもった。今でも覚えている二つの光景がある。

一つ目は、ある居留地を訪れたときのこと。夜、移動映画館の車がやってきて娯楽映画を上演した。待ちわびていた住民がみな集まってくる。やがて始まった映画はアメリカの西部劇だったが、私は観客の反応に興味をもった。拳銃の早打ちに歓声があがり、ラブ・シーンではくすくす笑いがでる。しかし、周囲の観客を見ていると、彼（女）らは俳優の顔の大写しに、非常な興味を示すことが見て取れた。役者の表情のちょっとした変化、たとえば、ウィンクなどに、男の子などは異常な興味を示し、どっと笑うのである。

二つ目は、別の居留地でのこと。小学校に案内されたが、教室の後ろの壁に貼ってある絵を見て驚いた。「白人」の先生の顔を五分間で描けという課題のようだった。日本で子どもが描く人間の顔といえば、ほぼ正面観で顔の輪郭を丸く描き、髪の毛、目、鼻、口を入れるという月並みな表現である。ところが、ここでは全然違う。先生の顔の細部の個性、たとえば鼻がものすごく高いとか、顎が曲がっているとかを異常に強調し、まるで怪物のような顔が並んでいる。顔全体のバランスなどは考えていない。まるでピカソの世界で、黙って二科展にでも出したら入選するのではないかと思われた。

先生が嫌いでわざとおかしく描いたわけではない。自然に見たままを、ある一点の特徴を強調して描いている。アボリジニに絵の才能があるのは有名だが、子どものうちからその才能が芽生えていることと、たぶん先生は指導などせず、完全に自由に描かせていることに感心した。そこには、自由と共感という教育の原点があると感じられた。

次に利他性について述べる。「チンパンジーその他さまざまな動物との比較研究によって、ますます明らかになってきたヒトの特徴の一つは、他のどんな動物にも見られないほど利他性（アルトルーイズム）が高いことである。利他行動とは、自らの適応度を下げても他者の適応度を上げる行動であり、それが進化することはパラドクスである」（長谷川眞理子）。

ダーウィンが問題にしてから、この性質については多数の進化生物学者、行動学者が研究を重ねてきた。基本的には、「血縁選択」や「互恵性利他主義」によって説明されるが、ヒトの場合にはプラス・アルファがあるように思える。それが、古来、道徳（モラル）と呼ばれてきた性質であり、クリストファー・ボームはヒトと類人猿の比較、また狩猟採集民の社会の特徴などの面からその起源を考察している。

その中で彼は、ダーウィンの驚くべき先見性に関する興味深いエピソードを披露している。世界中の植民地の行政官や宣教師に手紙を送り、アジアやアフリカの原住民が「恥ずかしさ」で顔を赤らめるかどうかを尋ね、史上初の組織的な比較文化・行動学研究を行った。社会的理由で赤面するのはヒトだけであり、ダーウィンはこれが単なるローカルな文化か、それともヒトの共通の特徴かを知ろうとした。彼は研究の結果、人間の道徳の重要な側面としての羞恥反応には生得的な基礎があると推定した。

「恥を知る」のはヒトの特徴であり、それが道徳の原点の一つというわけである。すると、ヒトでは、血縁とか互恵性とは関係のない、道徳的な利他性が成り立つのではなかろうか。博愛主義または人類愛（フィランソロピー）は、その延長であろう。

意外に気づかれていないが、ヒトは「反省」（リフレクション）することができる唯一の動物である。自分がした行動を振り返り、評価を下す。自分の行動や言動の良くなかった点を意識し、改めようと心がけることができるのはヒトだけで、その能力は全ての文化に普遍的に存在する。共感と反省は自己規制する文明の重要な条件となろう。

植民地主義を進めたすべての国は、自己の犯したおそるべき人権侵害の歴史を反省すべきである。しかし、今のところ、ドイツだけがヒットラーの犯罪（ホロコースト）を国の責任として認め、反省の念を公表している。ベルリンの中心にある大通りウンター・デン・リンデンを歩くと、大きな国家的反省の記念碑が目につく。また、リヒャルト・フォン・ワイツゼッカー大統領（当時）が、一九八五年連邦議会で行った「荒れ野の四〇年」と題する演説の中で、「罪の有無、老若男女いずれを問わず、われわれ全員が過去を引き受けねばならない。全員が過去からの帰結に関わり合っており、過去に対する責任を負わされている」「過去に目を閉ざす者は、現在に対しても盲目となる」と述べ、過去の反省の上に共同で未来への責任を果たすことを提唱し、世界に深い感銘を与えた。

なお、二国間で戦われる正規の戦争は、いわば互いの「自己責任」であって、植民者が先住民に対して行う「弱い者いじめ」の虐待・虐殺とは性質が違う。ドイツ以外にも組織的人権侵害を行った国は多い。紙面の都合で省略したが、ベルギー国王レオポルド二世は、アフリカのコンゴを植民地とし、物資を搾取するばかりか住民に対して極めて残酷な虐待を行ったことで知られる。

しかし何といっても、植民地主義の歴史で最大の加害者であったのは、一七世紀初頭から二〇〇年以上にもわたって世界を支配した大英帝国であろう。しかし、私の知る限り、英国政府または英国人がこの歴史を反省しているようには見えない。むしろ、人類史の栄光と考えこそすれ、過去の事実であり法的には何ら責任をとる必要はない、と考えているふしがある。歴史上の犯罪を過去のこととして反省しない、大国の無責任さ、傲慢さも文明の未来を危うくする要素である。

アメリカの著名な生理学者・ノンフィクション作家のジャレド・ダイアモンドは、「なぜヨーロッパ人が世界中を植民地化し、その逆ではなかったのか」という設問をたて、「銃・病原菌・鉄」の存在が両者の違いを分けたと書き、ピューリッツァー賞を得た。この本は、非常に克明かつ比較的公平な好著ではあるが、残念ながら、西欧人として植民地の歴史に対する責任・反省の念は感じられない。

むろん、西欧だけが反省すべきというのではない。地域や民族に関係なく、あらゆる植民者的行為は反省に値する。また、社会主義国を自称しながら、巨大権力と栄華を誇った過去の歴史の再現をはかるかのごとく、あからさまな覇権主義を政治目的にする国家がある。人類の平和を脅かすという点で、潜在的にテロと同じあるいはそれ以上の危険性をはらんでいる。

反省すべきは国家や植民者だけではない。学問の世界にも、現代文明に関する歴史上の問題で反省すべき点がある。後述するように、人類学も、むろん例外ではない。物理学は、原子爆弾の製造にかかわった、あるいは止めることができなかったことを重く反省すべきである。現在進められている大型プロジェクトの内容は一般人の理解を超えているが、間違っても人類に害を与えることのないよう、責任も大きいと自覚すべきである。さらに、現代文明で生じている格差や人権問題の根源には経済問題がある。経済学者は新理論を次々にだすが、アマルティア・セン以外に反省論を聞くことは少ない。

既に述べたように、現代に生きる狩猟採集民の分布は、ヒト全体の分布圏と重なり全世界に拡がっている。これは何を意味するのであろうか。たえず分布を拡張してきた農耕民と異なり、狩猟採集民の分布は古代からほとんど変わっていないということである。狩猟採集民と農耕民の「二重構造」は、なにもわが国の縄文・弥生の事例（第三章参照）に限られるものではなく、全世界的な現象といってよい。「狩猟採集民は流動生活者で、農耕民は土地を守って動かない」という俗説は誤りであるばかりか、植民地主義者の意図的な宣伝として用いられた可能性がある（ヒュー・ブロディ）。

「差別心と共感」「利己主義と利他性」「攻撃性と相互扶助」これら正反対の対になる性質は、いずれもヒトの進化の過程で本能の一部に組み込まれたものであろう。ヒトの思考に二項対立的要素が存在することは、かのレヴィ＝ストロースも気づいていたといわれるが、その理由を脳科学者に聞いてみたい。誰もが潜在的にこの両者を持ち合わせているが、文化環境や人間関係、社会性によってどちらかが強く発現される。概して、これらのうち前者は文明社会、後者は狩猟採集民の社会で優位に発揮される。その前提として、個人的付き合いの程度が問題となる。「隣は誰が住む？」という個人間の接触が比較的少ない文明社会と、グループの全員を知り合っている狩猟採集民の社会の違いは大きい。

一般の人にとって、知らない人間や民族に対しては関心がないので、どうなってもよい。同じ村の一員が苦境にたつとみんなで涙を流して心配するが、遠い国の見知らぬ人間の悲惨さについては興味がない。「知らない」ということが地球文明のための大きな問題になる。このことは、先住民の人権問題の原点として、また、自己規制する文明の立場からも、よく考えてみる必要がある。多くの文明人は信じないかもしれないが、われわれは狩猟採集民から学ぶ点があるのである。それは、ヒトの原点に関することで人類学者はよく知っている。

以前から、クロポトキンの『相互扶助論』のことは聞いていたが、じっくりと読む機会はなかった。最近、新版がでたのでさっそく読んでみた。ピョートル・アレクセイヴィチ・クロポトキン(一八四二〜一九二一)はロシアの貴族出身者で、軍人、学者(地理学)、探検家を経て革命家(アナーキスト)として活動するという、驚くべき経歴の人物であった。

彼の代表的な著書は、一八九〇年から六年間にわたり『一九世紀』なる雑誌に連載され、一九〇二年に単行本として出版された『相互扶助論』である。興味深いことに、これを翻訳したのは、かの大杉栄(一八八五〜一九二三)である。ちなみに、彼が日本で二〇世紀初頭にダーウィンの『種の起源』とファーブルの『昆虫記』を翻訳したことはあまり知られていない。大正時代のすぐれた知識人だったが、アナーキストとして社会主義運動を行い、一九二三年に憲兵隊に惨殺された（甘粕事件）。彼の経歴や人柄はクロポトキンとよく似ている。

『新版・相互扶助論』は二〇〇九年に出版された。原本の復刻版であるため、大杉栄の訳語には違和感を覚える。たとえば、「蒙昧人」（サヴェージ）は狩猟採集民のこと、「野蛮人」（バーバリアン）は初期農耕民のことである。しかし、この際、そんなことは無視しよう。著者クロポトキンは、「相互扶助」（ミューチュアル・エイド）を、まず動物の社会行動の基礎であることから解き起こし、ついで狩猟採集民、初期農耕民の例をあげ、さらに中世都市から近代社会へと考察を進めて行く。

ホッブズ流の、人間の自然状態は「闘争」であるとの考えを徹底的に批判し、人間の本性でもっとも重要なものは「相互扶助」であると主張する。

彼はダーウィンの進化論（自然選択説）の熱心な信奉者だったが、偏見に基づく「弱肉強食論」を説くハーバート・スペンサーの社会ダーウィニズムには明確に反対した。人類学や先史学、民族学等が未発達であった当時の論文なので、個々の章の内容には今では不適切な点が多々ある。しかし、相互扶助は人間の自然、すなわち進化によって造られたヒトの本能の一部であって、近代になって文化が作りだした道徳とは違うという主張は、現代の行動学や人類学に照らしても正しいと考えられる。

なお、本書には大窪一志による「甦れ、相互扶助」という解説がつけられていて興味深い。

クロポトキンの主張がグローバル化や世界の金融危機が進む現代の文明社会に対しても、自己規制への「価値観の転換」に役立つとしている。

†「文化相対主義」への疑問

人間の特徴は、ヒトとしての生物学的多様性のほかに、民族、つまり文化の多様性が非常に高いことである。そこで、前に述べた「区別」「偏見」「差別」という三つの判断基準が常に問題となる。簡単に繰り返せば、区別はAとBの事実としての差異、偏見はAかBかという好き嫌い、差別はAとBの差の価値づけであった。ここでとくに問題となるのは、差別である。

すでに六〇年も前の学生のとき、人類学ではすべての文化を等価値に見ると教わった。つまり、良い文化とか悪い文化はない、という。これが「文化相対主義」（カルチュラル・レラティヴィズム）である。ドイツ生まれのアメリカの人類学者フランツ・ボアズ（一八五八〜一九四二）が考えたことで、人類学者の間で不文律のようになっていた。

しかし、さまざまな文化の中には、身分や男女、人種等の差別を伝統的に維持しているものがあり、人権という見地からみて相対主義はいかがなものかという問題提起もあった。なお、人権（ヒューマン・ライツ）とは、文字通り「人間としての権利」であるが、主に侵害される場合の用語である。人権侵害にはさまざまなレヴェルがみられ、単に特定の人やグループに不快感を与える程度のもの、経済的・社会的な不利益を与えるもの、人間としての尊厳を否定するものから、生命の危険を及ぼすものまである。

伝統文化の名のもとに人権侵害が公然と行われている例をいくつか挙げてみよう。インドのカースト制度は、ヒンドゥー教社会を構成するヴァルナという分類法に根差し、古代から存続する世界で最も厳密な身分制度である。インド人は上流階級からバラモン・クシャトリヤ・ヴァイシャ・シュードラという四階級層に大別され、その他としてシュードラに属することさえ許されないアチュート（アンタッチャブル、不可触民）がいる。各層に社会的地位と職業が決められていて、変更は許されない。カースト間の通婚も禁止されていた。

バラモンは司祭とも呼ばれる聖職者。クシャトリヤは王や貴族など武力や政治力をもつ者。ヴァイシャは一般的な市民で、製造業などにつくことができる。シュードラは、古代には一般人が忌避する職業につくことしか許されなかったが、中世よりヴァイシャは売買を、シュードラは農牧業や手工業などの生産に従事する、広く「大衆」または「労働者」を意味するようになった。最後にアチュートは「指定カースト」とも呼ばれ、動物の屠殺や清掃等の労働のみが主な生業として認められ、ヒンドゥー寺院に立ち入ることも許されなかった。一億人もいるといわれる彼（女）らは、自分たちを「壊された民」または「被差別民」を意味するダリットと呼ぶ。

ダリットの解放に力をささげた人にビームラーオ・ラームジー・アンベードカル（一八九一〜一九五六）がいる。彼は不可触民の子として生まれたが、刻苦勉励の末ロンドン大学の博士号および弁護士資格を取得し、ついに一九四七年にインド独立後の法務大臣として、共和国憲法の立案にたずさわった。彼は、不可触民差別の根源はヒンドゥー教にあるとして、一九五六年に約五〇万人の不可触民の人々と共に仏教に帰依した。現在、インドの仏教徒はすでに一億人を超えているという。

カースト制度とくにダリットへの差別は一九五〇年施行のインド国憲法で禁止されたが、いまだに南部の農村部等ではなくなっていない。インドで起きる悪質な傷害や強姦、殺人事件の多くはダリットを狙って起きている。ヒンドゥー教に由来するカースト制度は南アジアの周辺の国々にも広がっており、二〇一一年ユニセフは、低いカーストに生まれたことによって世界の二億五〇〇〇万人が差別を受けているとの推計を発表した。

私が、文化相対主義に疑問を抱くようになったきっかけは、インドのカースト制度よりも大きな人権問題と思える、ある驚くべき風習が文化として存在している事実を知ったことにある。それは、アフリカ北部に広く拡がっている「女性性器切除」（FGM）である。男性の「割《かつ》礼《れい》」（サーカムシジョン）の風習が、ユダヤ教やキリスト教では通過儀礼として行われる文化であるとの理由で、FGMを「女性割礼」（FC）と呼んで、同様に文化として認める立場がある。しかし、FGMは男子の割礼とは全く異なる意味を持つ。

割礼は、男児の陰茎の包皮を切り取る手術のことで、成人の包茎に関係する病気を防ぐ医学衛生上の意義があるとされ、特定の宗教（ユダヤ教、キリスト教、イスラム教）では一つの通過儀礼とされる。しかし、医学的効果については賛否両論で、全く理解力がなく、そのためショックも受けない新生児に対する手術が多いことは、通過儀礼としても疑問がある。割礼という文化をもつ三宗教は共通起源をもつことから、歴史的な古代の風習が、宗教的象徴として保存されているのではないかと考えられる。なお、通過儀礼（イニシエーション）とは、出生、成人、結婚、死亡など人生の重要な段階を通過するために行われる儀式で、抜歯、割礼、刺青など痛みを伴うものが多い。

一方、FGMの方は、女児の外性器の一部を切除する手術である。WHOの分類では、①クリトリスの一部または全部の切除、②クリトリス切除と共に小陰唇の一部または全部の切除、③外性器の一部または全部を切除、その他の形態がある。全FGMのうち、①と②を合わせて約八五パーセント、③が約一五パーセントである。もともと、FGMは成人に達した際の通過儀礼であったが、近年は若年化が進み主に四歳から八歳の少女に行われる。新生児に対して行う例もあるという。

WHOの分類を見てはなはだしい嫌悪感を覚えるが、FGMの手術は、皮膚を一部切開するだけの割礼の場合とは比較にならないほど大規模である。大量出血、激痛のほか、ショックによる意識不明、感染症による障害、身体的・精神的後遺症、発表されないものの死亡例もあるに違いない。また、割礼の場合、疑問は残るが医学的理由があるのに対し、FGMにいかなる医学的理由があるのか不明である。むしろ、女性を本来あるべき自然の性的行為から引き離し、男性のわがままな要求に支配される従属物として利用するのが目的の文化ではなかろうか。

一九九九年のデータでは、年間二〇〇万人、一日に五五〇〇人近い少女がFGMを受け、今までに性器切除を受けた女性は一億三〇〇〇万人以上、累計では一三億人にも達するという。国別では、マリ共和国（七四）、ガンビア（五六）、モーリタニア（五四）、ジブチ（四九）、ソマリア（四六）、ギニア（四六）、ギニアビサウ（三九）、スーダン（三七）、エリトリア（三三）などが特に頻度が高い（〇〜一四歳の少女のFGMを受けたパーセンテージ）。割礼の場合とは異なり、特定宗教（イスラム教）との直接的関係はないと宗教指導者たちは言うが、いかがなものか。

中世とは違う現代において、これほどひどい時代錯誤的な女性差別と人権侵害が存在することを、国連はいままでなぜ見逃してきたのか。そこには、やはり、文化相対主義の問題があると考えられる。セネガル出身の女性作家キャディ・コイタは、二〇〇五年に『切除されて』という衝撃的な題名の自伝をフランスで出版し、ベストセラーとなった。七歳の時に受けた「手術」の恐怖とショックが原点となり、彼女はその後ＦＧＭ廃絶のための活動を行っている。

一九七〇年代より、国際社会でＦＧＭを著しい女性虐待として非難する声が高まっていた。しかし当事国は、内政干渉であるとして、文化相対主義を引き合いにこれを正当化する。しかし、国際世論におされてアフリカ連合の中からもＦＧＭ廃絶への動きが活発化してきた。二〇〇三年七月、モザンビークの首都マプトでＦＧＭを含めたあらゆる性暴力、性差別を禁じ、男女同権を定めた「マプト議定書」が採択された（二〇一一年現在の署名四六カ国、批准二八カ国）。

二〇一六年二月五日のニューヨーク発の報道によれば、ユニセフ（国連児童基金）と国連人口基金（ＵＮＦＰＡ）が共同声明を出し、翌二月六日を「国際女性性器切除根絶の日」と定め、二〇三〇年までにこの悪弊を根絶する目標を定めた。このことは、二〇一五年九月に開催された「国連持続可能な開発サミット」でも一九三カ国の満場一致で合意されたという。実現を望みたいが、国連における差別や少数民族、はては人権に関する多数の勧告等が、合議はされるがなかなか実施されない実情を見るにつけ、不安をぬぐえない。これこそ、現代文明の質が問われる問題の一つで、文明の「自己規制」の対象に相当する。

†人類学者の社会的責任

人類学は、人類、なかんずくヒトの特異性（ユニークネス）および多様性（ダイバーシティ）、そしてそれらの起源（オリジン）に関する研究を行う。研究は、生物としてのヒト（個人ではなく集団）だけでなく、近縁の霊長類を含め、適応能力としての文化、さらに現代人が生きる環境・生態系および社会・文明というシステムの内容にも広がってゆく。しかし、そこにはさまざまな限界や問題も存在する。

人類が「未開（野蛮）」から「文明」の状態へと「進歩」したとの歴史観は、今でも一般の人々の心に根強くひそんでいる。しかし、人類学ではそのような思想を決して認めず、先史考古学や進化生物学等の科学的根拠を重視して、文明を地球史の中のきわめて特殊な現象として理解しようとする。これは、人類学の使命といってもよい。

そもそも、未開（粗野）または野蛮は文化や文明の対立概念で、民族中心主義（エスノセントリズム）の差別思想に由来する。中華思想では、周辺の異民族を四夷《しい》（東夷《とうい》、西戎《せいじゅう》、北狄《ほくてき》、南蛮）として蔑視した。古代ギリシャ人はあらゆる非ギリシャ人をバルバロイ（英語の野蛮人の語源）と呼び、劣等民として蔑視した。古代ローマ人にとって、ガリア（現在のフランス等）やゲルマン（ドイツ語圏）人は蛮族に過ぎなかった。

この進歩史観に対立する考えがジャン＝ジャック・ルソー（一七一二〜一七七八）の『人間不平等起源論』（一七五五）に見られる。まず彼は、人類には二種類の不平等が存在するという。一つは自然的・身体的不平等、他は社会的・政治的不平等である。そして、未開社会では前者は存在するが後者は存在せず、文明の進展につれて後者が発達する。彼の考えでは、人間が不平等になったのは理性による社会化と文明、および「進歩」という考えによる。この考えは、フランスの啓蒙思想家の間に文明に汚されていない「高貴な野蛮人」という概念を生み、一種の逆説的な現代文明批判となった。人類学の立場からすれば、「ルソーは正しかった」というべきであろう。

人類学の観点からは、『八つの大罪』でローレンツが触れなかった文明の「原罪」をいくつか指摘できる。特に重要なものは「土地の私有化」「身分・階級制」「不平等・格差」「暴力・戦争」の四点だろう。もしもこれらの問題が解決できれば、ゴーギャンの三番目の問い「ヒトはどこへ行くのか」に対する答えがえられるはずである。

しかし、これらの問題の起源については人類学者や先史考古学者の間でも対立する意見があり、現状ではまとまりそうにない。ある者は、これらがヒト種の本性に深く根ざす行動上の要因に由来すると考え、狩猟採集民を特別扱いすることはできないという。別の者は逆に、これらが狩猟採集民の社会には本来少なかった問題で、いわばヒトの「原点」からの逸脱を象徴する文明の「原罪」であると主張する。

私は、これらが単なる文化現象ではなく、ある程度ヒトの本能行動に由来することを認める。一方でそれらは狩猟採集民では少なく、あったとしても重要でなく、農耕・牧畜に由来するいわゆる文明人で顕著となったとの、後者の意見にくみする者である。

まず、「土地の私有化」である。第五章で述べたように、もともと狩猟採集民にとって、「なわばり」で守られる土地（テリトリー）は、食物の獲得や居住のためグループの全員によって利用され、個人が「所有」するものではなかった。定住化が進んだ「豊かな」食料獲得で、家族の居住用の土地が一時的に所有されても、それは永続的な所有ではない。永続的な土地私有化は、農耕民によってはじめられ、やがて法律が造られた。

次の「身分・階級制」についても、対立する議論がある。第五章で私は、狩猟採集民の社会には、リーダーはいても階級制はないと述べた。むろん、このことについて人類学者や先史考古学者の間で激しい議論があることは承知している。すでに第五章で述べたように、縄文時代人がさまざまな威信財をもっていたとして、貧富の差や階級があったと考える意見がある。これらの問題は、「採集狩猟民と農耕民」という長く続く論争点の具体例で、人類学の重要な研究課題である。

人類学が他の人間諸科学と異なる点は、先住民族に対する特別の関心にある。現代に生きる狩猟採集民のことは、人類学者が紹介しなければ、都会にくらす一般人にとってあまりに遠い（アウト・オブ・サイト）存在で、「どうでもよい」ことになってしまう。ヒトと文化の多様性は、現代人の知識の重要な部分のはずなのに、大学等の教育にはあまり含まれていない。啓蒙・教育活動は、人類学者の一つの重要な社会的責務である。

さて、われわれ人類学者が反省すべき点は何だろうか。人類学に対する批判として、「人種分類と人種主義」「遺骨の収集」「人間の展示」「文化遺産の収奪」「文化相対主義」「被検者の人権」等の問題への関与等があげられている。

一九世紀から二〇世紀半ばにかけて「人種分類」が人類学研究の中心的課題であったのは事実である。また、それから派生する「人種主義」（人種差別）が人類学者に影響を与えたことも認めねばならない。しかし、第四章で述べたように、二〇世紀半ば以降には「人種分類」の概念が完全に破たんしたことが明らかになり、ユネスコ等でも人類学者の協力のもとに、「人種」は存在しないと広報した。しかし、一般社会では人種分類や人種主義はなくなっていない。人類学は今後も、この問題について啓蒙活動を続けてゆかねばならない。

次の「遺骨の収集」については、二つの問題がある。ヒト（集団）の多様性を研究することは、人類学の重要な目的であり、形態から遺伝子まであらゆる形質がその対象となりうる。その中で、伝統的に古人類学の分野で研究されてきたものが人骨で、人類のあらゆる進化段階や地理的多様性の研究に用いられる、極めて多数の人骨資料が世界中の博物館や大学研究室等に保管され、研究されている。

その中には人権上問題となる現代人の遺骨資料が含まれていることも事実である。たとえば、トルガニニのように個人が特定される人骨が本人や親族の了承なしに標本とされている場合がある。かつては、アイヌ民族の墓地の無断発掘という犯罪的な人骨収集がなされたこともあった。そのような標本は、謝罪と共に遺族や民族関係団体等の要望に応じて返還されるべきであろう。

問題は、特定の個人を認定できない、古代人や先住民の人骨の扱いである。わが国の大学や博物館等には、縄文人や弥生人等の多数の人骨が研究用または展示用に保管されている。これらの資料は、日本人だけでなく人類全体の歴史の証拠となりうる貴重な文化財・遺産であり、研究及び展示のために用いられることに問題はないと考えられる。

しかし、現存する先住民族であるアイヌ民族（琉球民族も）の資料であることが確実な場合、墓地の発掘で得られたもの等は論外として、アイヌ協会や先住民族の組織からの返還要求があれば、研究の学問的価値とわが国ないし世界の文化財としての価値を充分に説明し、納得してもらった上で保管・研究を続けられることが望ましい。返還要求が強い場合、模型を造った上で現物は返還することになるが、資料の起源等の研究のためにＤＮＡの検査が許されるよう関係者と協議すべきであろう。

アメリカ合衆国では、古人骨はほぼすべて先住アメリカ人のものとして、先住民族の団体等から返還要求が出る。一九九六年にワシントン州で発見されたケネウィックの古人骨（約九〇〇〇年前）の場合、先住民族からの返還要求が訴訟事件に発展し、学問的価値が極めて高いとする科学者側の検査要求とが対立していたが、ようやく最近、和解が成立しＤＮＡ検査が許された。

次の問題は、「人間の展示」である。一八八九年のパリの万国博覧会や一九〇四年のセントルイス万博の際、アジアやアフリカ等のさまざまな先住民族の男女の生活ぶりを見せる、いわゆる「人類館」（ヒューマン・パヴィリオン）が人気を博した。それには、当然のこととして知識をもつ人類学者が一役かっていた。これに関して、坪井正五郎も批判の対象とされることがある。一九〇三年四月から七月まで、大阪でパリの万博を模した「人類館」が開催され、延べ四〇〇万人もの観客があった。ここには、琉球、台湾、インドネシア、マレーの住民、それにアイヌ人も参加していた。主催者の要望によって、坪井は地図や民族誌の資料などの展示をもって、この企画に協力した。

批判者は、この人類館に協力した坪井が帝国主義的・人種主義的性格の持ち主であったと推定する。しかし、坪井の書いたものを見る限り、そのような疑問は当たっていないと思われる。当時は、人類学者の間にも人種主義的な風潮が見られ、アイヌの人々の貧困は、生得的能力のせいであるとする発言もあった。そのような考えに反対して坪井は、原因は子どもたちに教育の機会が与えられていないことにあると主張した。そして彼は、アイヌ児童のための小学校建築にボランティアとして協力したのである（川村伸秀）。

先住民の人権は人類学者が考えるべき重要なテーマである。しかし、この問題を単なる研究報告によってすませるだけでは、真の社会的貢献にならない。この点、私も含めて関係者の自己批判と解決方法の模索が必要である。

「文化相対主義」は、固有の文化的価値を盾にとった甚だしい人権侵害を防止できないとの当然の批判があるが、それは人類学に対する批判にもなりうる。仮に文化が異なっても、人間としての権利（人権）は変わらないはずである。普遍的人権主義（ユニヴァーサル・ヒューマニズム）と呼ぶべき立場である。これは、自文化中心主義（エスノセントリズム）と明瞭に対立する概念である。

さらに、文化人類学は、個々の文化の特異性より人類全体の文化の普遍的特徴に注目すべきではないか、との主張もある（ドナルド・ブラウン）。しかし、文化相対主義の側からの反論（クリフォード・ギアツ）も激しく、学問の内部で理論的論争が続いているようである。イデオロギー論争は文化人類学者に任せ、私としては、現実の人権問題とその原因に注目したい。

いかなる学者も時代の空気を吸って生きている以上、その時代の思想や風俗に影響を受ける。アリストテレスが「奴隷は生まれながらのもの」といったからといって、彼を全否定するのは意味がない。坪井正五郎は、「人類館」に協力する際、純粋に人類学の目標であるヒトおよび文化の多様性を一般人に啓蒙したかったのだと思う。先住民の研究それ自体が差別であるとか、人骨や血液の研究は人権問題だという一方的な批判は、単なる人類学嫌い（偏見）であろう。人類学者も、謙虚に過去の過ちを反省するとともに、ヒトと文化・文明に関する新たな知識を一般社会に還元することを社会的責任と自覚してゆきたい。

科学に心情を持ち込まないのは原則だが、考えてみれば、人類学という学問は直接ヒト（人間）を対象とする点で医学に似ている。医者の原点が患者を病気から救いたいという一種の心情であるのと同様に、人類学者も被験者を単に検査・研究の対象としてではなく、共感や相互理解といった心情をもつことは許されるのではないか。人類学者は「頭」と「手」と「足」の三つを使うべしと教えてきた私だが、最近になって、実は四番目に「心」も大事だと思うようになっている。

おわりに

†夢でなかったチョウ研究

本書を構想してからすでに一〇年近くになる。執筆の遅れは体調のためとの言い訳はいさぎよくない。生来の怠けぐせの上に、このところ記憶力がひどく低下し、数日前に考えついたアイデアを忘れてしまう。書棚に並んだ書物の多くは題名だけ覚えていても、中身はよく想いだせない。これではとても本など書けないと、あきらめようとしたこともある。

しかし、あるときふと、かのモンテーニュが『エセー』の中で、「自分は記憶力が悪い」と打ち明けていることを知った。しかも、「記憶力が悪いことにも利点があり、それは、正直になれることである。嘘つきは記憶力がすこぶるよろしい。それは、自分の嘘がばれないようにしているからである。記憶力が悪いと、他人の言や文章にまどわされることなく、かえって自己独自の考えを正直に述べることができるかもしれない」。

私は、なるほどと感心して執筆へのあきらめを捨てることにした。私なりの人類学の啓蒙書をめざした本書は、結局、自分史と随想によって多くの部分が占められる結果となった。教科書としてはあまり役に立たないかもしれないが、読み物として私の学んだ人類学ないし「ヒト学」について、何かを感じていただければ幸いである。

もう一つ、執筆をあきらめなかった理由は、本書は私が今まで書いた著書とは違う目的をもつからだった。私は、人類学の研究・教育に永年たずさわってきたが、この学問について、いまだによくわかっていない。よく「人類学は何の役に立つか」と聞かれるが、私は、わざと自慢げに「何の役にも立ちません」と答えてきた。しかし、真に「何の役にも立たない学問」などあるはずがない。本当は、人類学の社会的貢献について、自分なりに考えてきたつもりではある。

早速の余談だが、私の趣味はチョウ（蝶）の蒐集とヘボ将棋である。以前、雑談中に木村資生先生が「ランなどやらなければよかった」と感慨を述べられたことがあって、私は仰天した。分子進化の中立説で進化学に革命を起こされた先生は、趣味のランの育種でも高い業績をあげられている。しかし、そのためにずいぶん時間をとられてしまった、と悔やまれている。学問では、先生にとても太刀打ちできない私などは、趣味をとってしまったら何が残るのかと心配になる。しかし私は、一人の人間の「生きざま」という意味で学問と趣味の両立をはかってきた。

チョウについては、ユーラシアの北部やヒマラヤなどにアポロチョウ（パルナシウス）というグループがいて、コレクターの人気が高い。北海道の大雪山にいる天然記念物ウスバキチョウもこのグループの一員である。私は、文化庁から特別に許可をもらい、このチョウを採集した。そして、これを含め世界中のアポロチョウ約五〇種類について、加藤徹博士の技術的協力を得てミトコンドリアDNAを調べ、ヒトに用いられるのと同じ方法で分子系統樹を作成し、「ジーン」という遺伝学の国際誌に論文を発表した（二〇〇四）。

その結果、ウスバキチョウの先祖はおよそ二五〇〇万年前に中央アジア・ヒマラヤの高原で進化・分岐した八系統のうちの一つで、シベリアを経て二ないし八万年前の氷河時代に大陸と陸続きだった北海道に到来したと推定された。少年のころ、大学でチョウの研究をしてやろうと考えていた私の夢がやっとかなえられたわけである。およそ三万点の収集品は、すべて東大の総合研究博物館に寄贈し、尾本コレクションとして研究用に保管されている。

†生物の多様性と文明

八〇歳をすぎたこのごろ、人類学者として自分はいったい何をしてきたのかとの懺悔に近い思いに駆られることが多い。私の研究遍歴を「動機」「専門」「学際性」「総括」という四つの側面から思い起こせば、ほぼ次のようであっただろうか。

まず動機は、少年時代から身に沁みついた博物学によって、「多様性」が生物の最も重要な特異性だと直感的に考えたことである。東大・理学部で人類学を学んだが、ドイツ留学で分子人類学という専門分野を選び、アイヌ人やフィリピンのネグリト人など、アジアの先住民族の中でも最古の歴史をもつ狩猟採集民の遺伝的起源を研究した（私の比喩では楽器のソロ演奏にあたる）。還暦を超えてから京都の日文研で五年間、文・理合同の学際研究という研究スタイルを身につけた（オーケストラに相当する）。

さらに大阪の桃山学院大では「先住民族の人権」というプロジェクトを立ち上げ、最後に七〇歳より神奈川県葉山の総研大キャンパスで「ネオテニー」という難問に挑戦したが、体調不良のため断念し、目下完全なリタイア生活を送っている。

本書で私は、文明を宇宙という「自然」の実験と考えた。数十億年の地球の歴史の中で、文明はまさに「刹那」（仏教でいう時間の最小単位）というべき約一万年の間に起きた新しい現象である。ヒトは、遺伝子進化の結果極めて高い文化依存性をもつ存在となったが、文化が創り出した文明は、遺伝子変化を伴わず進化とはいえない文化の変化である。遺伝学の比喩を用いれば、進化は「遺伝子型」、文明は「表現型」の変化に相当する。進化は、主として負のフィードバックによる自己制御を受けながら、ゆっくりと遺伝子を変化させた。しかし、文化の変化である文明の場合は、正のフィードバックが働いて、人口増大と階級や戦争という自然とは矛盾する特徴が顕著になった。

本書で文明と台風の共通点を述べた。いずれも偶然に特定の条件下で発生した小さな変化の進行過程で、内部要因と外界条件との間に正のフィードバックによって一方向的な変化が加速度的な急激さで拡大し、ついには制御がきかない大きな勢力になって、環境に破滅的な影響を与える。台風の場合には、いずれは外界の変化によってエネルギーを失い沈静化するが、文明の場合、どのような終末を迎えるのか、誰にもわからない。

†子どもの正義感

学問としては、不十分だがやることはやった。幸い、優秀な教え子がどんどん私の頭の上を通り越してゆく。「教育者にとって、弟子に追い抜かれることが最大の喜びである」といったドイツ人がいたが、その心境である。これからは、総括として老骨に鞭うって、関係してきたフィリピンの狩猟採集民（ネグリト人）の人権問題に取り組みたい。これまで私は、これらの人々を研究させてもらったが、まだ十分なお礼と共感を表してこなかったので、今それを実行したい。これは、いままでできなかった、人類学の応用ないし「社会貢献」といえるかもしれない。

今もっとも心配なことは、鉱山開発によってミンダナオ島のママヌワ民族に起きている環境と人権の問題である（第七章）。二〇一六年九月に京都で開催された第八回国際考古学会議（WAC8）では、フリンダース大学（オーストラリア）のクレア・スミス教授およびカリフォルニア大学バークレー校の羽生淳子教授と一緒に、「鉱山開発、資源、および先住民の文化遺産：良い事、悪い事、醜い事」というテーマのシンポジウムを主催し、問題の国際比較を試みた。二〇一四年の「ママヌワ対話シンポジウム」以来、私に協力してくれているルスミンダ・カガ（愛称ミンダ）は、二人の子どもの母親だが大変な勉強家で、スリガオ市のセント・ポール大学の修士課程に在学中である。私は、彼女がママヌワ族初の学位取得者になることを念願し応援している。

またもや、モンテーニュを引き合いに出すが、彼は次のようにも言っている。「わたしの生き方（ムルス）というのは、自然流であって、これを作り上げるのになんの理論（ディシプリヌ）の助けも借りてはいない。……自分の生き方がいかなる規則に従っているのか。わたし自身は、それを実行したあとで、ようやくにして悟ったような次第。つまりわたしは、無手勝流の、偶然の哲学者なのである」。

このことは、私にも当てはまると思う。ナチュラリストとして、文献より自然そのものに学び、イデオロギーより直感で考えるという研究スタイルをとってきた。人間の生き方や思想の基本には、学校で「道徳」などとして学ぶのではなく、子どものときに自然に身についたものがある。たとえば、子どもは正義感が強く、不正に対して敏感に反応する。親が嘘をつくとき、たいていの子どもは気づいている。子どもの強い感受性はおそらく遺伝的なもので、大人になって、世間の不正や「弱い者いじめ」に反対する思想に出会ったとき、納得するのである。

バリー・ボーギンによれば、ヒトのもっとも重要な特異性は、チンパンジーやゴリラと比べて子どもの期間が非常に長い（三歳から八歳）ことである。その間にヒトは言語をマスターし、親や仲間とのコミュニケーションによって独自の世界を作る能力を身につける。さらに、ヒトは子どもの時期に一番よく発揮される種々の能力（愛、好奇心、遊び、正義感、笑いと涙等）を大人になっても保持するユニークな動物である。未熟な幼児・子どもの期間の延長という成長・発育パターンがヒトのユニークな特徴を産むとのアシュレイ・モンターギュの「ネオテニー（幼形成熟）」仮説は、遺伝学的基盤がいまだ不明なため、その評価を今後の研究に俟《ま》たねばならない。

私自身の経験では、幼いころ我が家にいた「お手伝いさん」が、なぜわれわれ家族と食事を共にしないのか、おかずの内容も違うのかといった、当時としては普通のことを不公平と感じ、心が傷んだ。また、中学校の歴史の授業で、ヤマト朝廷が「まとわらぬ東北の蝦夷《えみし》を平定した」と習ったとき、「平定とは、罪もない人たちを征服することですか」と質問し、先生にひどく嫌われた。別に人権に関する本を読んだわけではなかったが、人間の不公平や差別に対する抵抗心がいつのまにか身についていた。

数年前、ロシアのサンクトペテルブルグを訪問した。大勢の観光客と押し合いながら、有名なエルミタージュ美術館を見た。なにしろ、世界的に著名な「金きら金」である。ロマノフ王朝の皇帝・女王が贅をつくして世界中から集めた宝物や絵画が「これでもか」とばかり並んでいる。観光客の嘆声と羨望を目のあたりにして、私は冷めていた。

私は、金銀財宝というものに興味がない(持てない者のひがみではない)。私にとっては、人間が作った華美な美術品より、すばらしく多様なチョウや自然の美しさに魅せられる。さらに、巨大権力者の財宝集めのために、何人のロシアの庶民や兵士、それに農奴たちが犠牲になったことか、と怒りを覚える。ロシア革命が起きたのは、当然すぎるほど当然のことだった。

翌日、今度はロシア美術館を見学した。そこで私は、以前から見たいと思っていた一枚の絵に出会う。それがイリヤ・レーピン(一八四四~一九三〇)の「ヴォルガの船曳き」であった(図22)。ぼろをまとった一〇人ほどの農奴風の一群が、ヴォルガ川に浮かぶ一艘の船を肩にかけたロープで引いている。物理的に不可能としか思えないその作業の光景は、あのエルミタージュの金銀財宝の世界のまさに正反対の極にある。私はあらためて、身分や格差、人権とは何か、という思いにかられた。

図22　レーピン作「ヴォルガの船曳き」。ロシア美術館（サンクトペテルブルグ）

文明人は、金銀財宝が大好きで、コンキスタドーレはそのためにマヤやインカ帝国を滅ぼし、大量の金を奪った。一方、私の知る限り、狩猟採集民は金に対する興味をあまりもたない。アイヌ民族は、近くの川で砂金が出るため和人が押し寄せてくるのを知りながら、金を財産にするという発想がなかったように思う。

狩猟採集民への共感

本書で私が特に注目したのは、「文明」と「先住民」とくに「狩猟採集民」である。一九七〇年代に現代文明の行き過ぎた経済発展に警鐘をならす書がもてはやされた。『成長の限界』で予想されたように、いずれ地球がヒトを養えなくなる日がやってくるのは確実であろう。ワールドウォッチ研究所の「地球白書」によれば、現在の食糧・エネルギー資源はすでに地球を四個も必要とする状況という。

大発生するイナゴの群れは、食料を食い尽くしてかならず絶滅する。なぜヒトの場合は、人口増大が止まらなくてもやってゆけるのか。文明の本質は、人口増大に対処するための技術の発展なのか。科学技術によって、いわば地球を拡大させているからなのか。しかし、それがいつまで続くかは誰にもわからない。絶滅はしないとしても、近未来に人間としての「質」（QOH）の大幅な低下は避けられないであろう。

いまなぜ先住民か、という問いが出よう。都市の現代人にとって、先住民、ましてや世界人口の〇・〇一パーセントにすぎない狩猟採集民のことを調べて、何になるのか。しかし、人間の特異性と多様性、そしてその起源を探る学問である人類学は、むしろ皆が知らない人間の姿に興味をもつ。そして、都市（文明人）から森（先住民）を見下ろすのではなく、狩猟採集民に共感して、森から都市を見上げるのである。こうして、人類学によってはじめて、森とは何か、都市とは何かということが真に理解される。つまり、現代文明を相対化して現状の問題点や「自己規生」、さらに未来への希望を考えるきっかけになる。

われわれ都市の人間は、森の人間を鏡にして、自己の姿を見るがよい。ヒトの原点の「生き証人」である狩猟採集民から、われわれは学ぶ点が多々ある。たとえばアニミズムは、自然に対する畏敬の念の具体化である。それはもともと、ヒトの原点の感性であった。それがなくなることが自然破壊を招いたという、ローレンツの言は正しい。『沈黙の春』の著者カーソンも、子どもたちにとって一番大切なことは「センス・オブ・ワンダー」、つまり、美しいもの、未知なるもの、神秘的なものに「目をみはる感性」だといっている。

七〇年前の敗戦、また二〇一一年の東日本大震災の時に示されたことだが、人間は敗戦とか大災害という共通の苦境に立つとき、はじめて利己心を捨て協力して事に当たることができる。もし、現在の文明の状況が真に危機的だという認識が共有されさえすれば、世界中の人間が「自己規制」という共通の目標をもてるかもしれない。

†文明の被害を食い止める

フランスのことわざに「心は左、財布は右」がある。これを個人の問題ではなく世界的な課題として考えてみてはどうか。資本主義・市場経済を認めつつも、批判・抵抗精神、とくに良心と反省心を持て、ということである。「自己規制」を伴う発展に役立つのではなかろうか。

ナンセンスといわれるのはわかっているが、人類学者としての夢を述べてみたい。きっかけは、国連の現状に対する不満感である。先進国の首脳たちが、文明がもたらした地球の危機的状況を現実と認め、自国の利益はいったん棚上げにして、全人類および地球のための責任を自覚してもらう必要がある。

そのために、文化の多様性と特異性を保ちながら、共通の目標である人類の平和と和解のために連合体（ユニオン）を造る。ＥＵをモデルにして、西ヨーロッパ以外のアジアでもユニオン（例：ＡＵ）が欲しい。できれば、ここでも「スモール・イズ・ビューティフル」を理想として、大国も、内部の文化多様性に応じた多数の単位国家からなる連邦制をとる。そして、最後の段階として、世界中の連邦国家が結集して一つの総合的な「地球連邦」をめざす。

経済が「右上がり」でなければならないという原理を見直すこと。いかに節約（もったいない）して地球への負担を減らせるかについて、皆が「他人事でない」と考え、子どものうちから家庭や学校等で話し合う。道徳の授業の内容がそれであることを願う。「格差」が資本主義経済の原罪であることを認識せよ（ピケティ）。これがある限り、テロは絶対になくならない。一握りの巨大資産家が世界の富を独り占めしている。まるで秦の始皇帝の真似事のような蓄財と権力集中だ。彼らから「人類税」を取り立てて、格差是正のため再配分することはできないものか。

民主主義の原則として「自己責任」がある。しかし、その前提として、歴史的に決定された文化の差異を認めることが必要である。スタートラインが違う狩猟採集民に現代文明の法律を押し付け自己責任をとらせるのは間違っている。しかし、国連の規定を含め、現在の国際法では、狩猟採集民に対する特別の法律はなく、結局は自己責任をとらされて最底辺に追いやられてしまう。人類学は、このことを重要な人権問題として訴え続けてゆく。ヒトの特異性は「脳と心」に存在するが、脳（知能）だけではなく心（共感）とのバランスが必要である。

われわれ自身、人類学は「役にたたない」マイナーな学問と自嘲気味に自覚していたが、ゴーギャンの三つの疑問を解く学際・総合科学の基盤となりうる唯一の科学がこれである。人類学は「人間の学」だが、それは「人間のための学」でもある。「物理学の時代から人類学の時代へ」というモットーが地球を救うかもしれない。それにつけても、自分自身であるヒトについて、現在の日本の学校教育はまったく不十分である。

人間は微生物やウイルスを絶対に根絶できないだろう。日本の大学医学部から「寄生虫学教室」をなくしたことは、浅はかな大学行政の誤算だった（杉晴夫）。今、東大の「人類学教室」が消えようとしている。生物科学という総合的ではあるが学問の文化・特異性を無視する体制にひとからげに組み込まれるのは賛成できない。仮に、ネットで基礎学問に関する人気投票をしてみればよい。人類学は必ず上位に入るだろう。

最近、デヴィッド・グレーバーの『アナーキスト人類学のための断章』という本を読んだ。その中で、「グローバル・ジャスティス」運動という国際NGO団体のことを知った。クロポトキンの『相互扶助論』に感激した私は、心情的にはこの考え方に近いと思う。

最後になったが、私が今日あるのは次の四名の先生方に負うところ大である。鈴木尚先生（故人：元東大人類学教室教授）は、学生の私が居場所を見いだせずに文学部で悶々としていたとき、偶然の機会から理学部・人類学の世界に導いて下さった大恩人である。梅原猛先生（国際日本文化研究センター名誉顧問）は、還暦で定年退職した私を京都の日文研に招き、さまざまな学際研究の場を与えて下さった。沖浦和光先生（故人：元桃山学院大学学長）は、大阪の桃山学院大で「先住民族の人権」という現在につながるテーマに取り組むきっかけを与えて下さった。高畑尚之先生（元総研大・葉山キャンパス学長）は、ネオテニー（幼形成熟）の研究のために私を葉山に招いて下さった。これらの先生方に深く感謝している。

二〇一六年九月

尾本恵市

参考文献

青山和夫『マヤ文明――密林に栄えた石器文化』岩波新書（二〇一二）
赤澤威『ネアンデルタール人の正体』朝日選書（二〇〇五）
池橋宏『稲作の起源』講談社選書メチエ（二〇〇五）
市川光雄『森の狩猟民』人文書院（一九八二）
井田徹治『環境負債――次世代にこれ以上ツケを回さないために』ちくまプリマー新書（二〇一二）
伊東俊太郎（編）『比較文明学を学ぶ人のために』世界思想社（一九九七）
上村英明『先住民族の「近代史」』平凡社選書（二〇〇一）
上山春平『受容と創造の軌跡――日本文明史の構想』角川書店（一九九〇）
宇梶静江『すべてを明日の糧として』清流出版（二〇一一）
梅棹忠夫（監修）『地球時代の文明学』京都通信社（二〇〇八）
大塚柳太郎『ヒトはこうして増えてきた』新潮選書（二〇一五）
岡ノ谷一夫『小鳥の歌からヒトの言葉へ』岩波科学ライブラリー（二〇〇三）
尾本恵市「ネグリトの起源」日本人類学会編『人類学――その多様な発展』日経サイエンス（一九八四）
尾本恵市『ヒトはいかにして生まれたか』岩波書店（一九九八）／講談社学術文庫（二〇一五）
尾本恵市（編・著）『人類の自己家畜化と現代』人文書院（二〇〇二）
尾本恵市（編・著）『日本文化としての将棋』三元社（二〇〇二）

海部陽介『日本人はどこから来たのか?』文藝春秋（二〇一六）
ラス・カサス（染田秀藤訳）『インディアスの破壊についての簡潔な報告』岩波文庫（一九七六）
萱野茂・佐々木高明・野村義一・榎森進・加藤一夫・常本照樹・大塚和義・尾本恵市・吉崎昌一『アイヌ語が国会に響く』草風館（一九九七）
レイチェル・カーソン（青樹簗一訳）『沈黙の春』新潮文庫（一九七四）
川勝平太『「美の文明」をつくる――「力の文明」を超えて』ちくま新書（二〇〇二）
川田順造『〈運ぶヒト〉の人類学』岩波新書（二〇一四）
川田順造（編）『ヒトの全体像を求めて――21世紀ヒト学の課題』藤原書店（二〇〇六）
川村伸秀『坪井正五郎』弘文堂（二〇一三）
工藤雄一郎『ここまでわかった！　縄文人の植物利用』新泉社（二〇一四）
木村資生『生物進化を考える』岩波新書（一九八八）
デヴィッド・グレーバー（高祖岩三郎訳）『アナーキスト人類学のための断章』以文社（二〇〇六）
ピョートル・クロポトキン（大杉栄訳、大窪一志解説）『新版・相互扶助論』同時代社（二〇〇九）
アル・ゴア（枝廣淳子訳）『不都合な真実』ランダムハウス講談社（二〇〇七）
グレゴリー・コクラン、ヘンリー・ハーペンディング（古川奈々子訳）『一万年の進化爆発――文明が進化を加速した』日経BP社（二〇一〇）
小林登志子『シュメル――人類最古の文明』中公新書（二〇〇五）
アントワーヌ・コンパニョン（山上浩嗣・宮下志朗訳）『寝るまえ5分のモンテーニュ』白水社（二〇一四）
斎藤成也『日本列島人の歴史』岩波ジュニア新書（二〇一五）

佐江衆一『北海道人――松浦武四郎』新人物往来社（一九九九）
佐藤洋一郎『食の人類史』中公新書（二〇一六）
篠田謙一『DNAで語る日本人起源論』岩波現代全書（二〇一五）
E・F・シューマッハー（小島慶三・酒井懋訳）『スモール イズ ビューティフル』講談社学術文庫（一九八六）
新保満『野生と文明――オーストラリア原住民の間で』未來社（一九七九）
杉晴夫『論文捏造はなぜ起きたのか？』光文社新書（二〇一四）
住明正『地球温暖化の真実』ウェッジ選書（一九九九）
瀬川拓郎『アイヌ学入門』講談社現代新書（二〇一五）
チャールズ・ダーウィン（長谷川眞理子訳）『人間の進化と性淘汰（Ⅰ・Ⅱ）』文一総合出版（一九九九）
ジャレド・ダイアモンド（倉骨彰訳）『銃・病原菌・鉄（上・下）』草思社（二〇〇〇）
竹信三恵子『ピケティ入門』金曜日（二〇一四）
コリン・タッジ（竹内久美子訳）『農業は人類の原罪である』新潮社（二〇〇二）
田中二郎『ブッシュマン、永遠に。』昭和堂（二〇〇八）
谷口正次『メタル・ウォーズ』東洋経済新報社（二〇〇八）
谷口正次『教養としての資源問題』東洋経済新報社（二〇一一）
多原香里『先住民族アイヌ』にんげん出版（二〇〇六）
ジェレミー・テイラー（鈴木光太郎訳）『われらはチンパンジーにあらず』新曜社（二〇一三）
アラン・テスタール（山内昶訳）『新不平等起源論』法政大学出版局（一九九五）
寺田和夫『日本の人類学』思索社（一九七五）

フランス・ドゥ・ヴァール（柴田裕之訳、西田利貞解説）『共感の時代へ』紀伊國屋書店（二〇一〇）
時実利彦『人間であること』岩波新書（一九七〇）
百々幸雄『アイヌと縄文人の骨学的研究』東北大学出版会（二〇一五）
富田虎男『アメリカ・インディアンの歴史』雄山閣出版（一九八二）
マイケル・トマセロ（橋彌和秀訳）『ヒトはなぜ協力するのか』勁草書房（二〇一三）
中尾佐助『栽培植物と農耕の起源』岩波新書（一九六六）。
西田利貞『チンパンジーの社会』東方出版（二〇〇八）
西田正規『人類史のなかの定住革命』講談社学術文庫（二〇〇七）
リチャード・B・ノーガード（竹内憲司訳）『裏切られた発展』勁草書房（二〇〇三）
長谷川眞理子（編著）『ヒトの心はどこから生まれるのか』ウェッジ選書（二〇〇八）
埴原和郎『日本人の誕生――人類はるかなる旅』吉川弘文館（一九九六）
原強『『沈黙の春』の40年』かもがわ出版（二〇〇一）
サイモン・バロン＝コーエン（三宅真砂子訳）『共感する女脳、システム化する男脳』NHK出版（二〇〇五）
ルイス・ハンケ（佐々木昭夫訳）『アリストテレスとアメリカ・インディアン』岩波新書（一九七四）
平山裕人『アイヌ史をみつめて』北海道出版企画センター（一九九六）
スティーブン・ピンカー（山下篤子訳）『人間の本性を考える（上・中・下）』NHKブックス（二〇〇四）
ヘレン・フィッシャー（伊沢紘生訳）『結婚の起源』どうぶつ社（一九八三）
ブライアン・フェイガン（東郷えりか訳）『人類と家畜の世界史』河出書房新社（二〇一六）

藤尾慎一郎『弥生時代の歴史』講談社現代新書（二〇一五）
ドナルド・E・ブラウン（鈴木光太郎・中村潔訳）『ヒューマン・ユニヴァーサルズ』新曜社（二〇〇二）
プラトン（森進一・池田美恵・加来彰俊訳）『法律（上・下）』岩波文庫（一九九三）
ヒュー・ブロディ（池央耿訳）『エデンの彼方』草思社（二〇〇四）
スヴァンテ・ペーボ（野中香方子訳）『ネアンデルタール人は私たちと交配した』文藝春秋（二〇一五）
スチュアート・ヘンリ（編・著）『採集狩猟民の現在』言叢社（一九九六）
ヨハン・ホイジンガ（高橋英夫訳）『ホモ・ルーデンス』中公文庫（一九七三）
宝来聰『DNA人類進化学』岩波科学ライブラリー（一九九七）
クリストファー・ボーム（斉藤隆央訳、長谷川眞理子解説）『モラルの起源』白揚社（二〇一四）
アドルフ・ポルトマン（高木正孝訳）『人間はどこまで動物か』岩波新書（一九六一）
松島駿二郎『タスマニア最後の「女王」トルカニニ』草思社（二〇〇〇）
スティーヴン・ミズン（熊谷淳子訳）『歌うネアンデルタール』早川書房（二〇〇六）
ドネラ・メドウズ（大来佐武郎訳）『成長の限界――ローマ　クラブ「人類の危機」レポート』ダイヤモンド社（一九七二）
アシュレイ・モンターギュ（尾本恵市・越智典子訳）『ネオテニー――新しい人間進化論』どうぶつ社（一九八六）
安井至『地球の破綻――21世紀版・成長の限界』日本規格協会（二〇一二）
安岡宏和『バカ・ピグミーの生態人類学』京都大学アフリカ地域研究資料センター（二〇一一）
安田喜憲『一神教の闇――アニミズムの復権』ちくま新書（二〇〇六）
山極寿一『父という余分なもの』新潮文庫（二〇一五）

山田康弘『つくられた縄文時代——日本文化の原像を探る』新潮選書（二〇一五）
吉田眞澄『動物愛護六法』誠文堂新光社（二〇〇三）
ロナルド・ライト（香山千加子訳）『奪われた大陸』NTT出版（一九九三）
ロナルド・ライト（星川淳訳）『暴走する文明』日本放送出版協会（二〇〇五）
LAKAS編（越田清和訳）『ピナトゥボ山と先住民族アエタ』明石書店（一九九三）
マッシモ・リヴィ＝バッチ（速水融・斎藤修訳）『人口の世界史』東洋経済新報社（二〇一四）
ジャン＝ジャック・ルソー（本田喜代治・平岡昇訳）『人間不平等起原論』岩波文庫（一九五七）
ジョエル・レヴィ（柴田譲治訳）『世界の終焉へのいくつものシナリオ』中央公論新社（二〇〇六）
クロード・レヴィ＝ストロース（川田順造訳）『悲しき熱帯（上・下）』中央公論社（一九七七）
アリス・ロバーツ（野中香方子訳）『人類20万年遥かなる旅路』文藝春秋（二〇一三）
コンラート・ローレンツ（日高敏隆・大羽更明訳）『文明化した人間の八つの大罪』思索社（一九七三）
渡辺仁『縄文式階層化社会』六一書房（二〇〇〇）
Barry Bogin: "Patterns of Human Growth", Cambridge University Press (1999)
Susanne Everett: "History of Slavery", Chartwell Books (1996)
Laurence H. Keeley: "War before Civilization", Oxford University Press (1996)
Sakuzaemon Kodama: "Ainu", Hokkaido University School of Medicine (1970)
Richard B. Lee and Richard Daly (Eds.): "The Cambridge Encyclopedia of Hunters and Gatherers", Cambridge University Press (1999)
Peter Bellwood (Ed.): "The Global Prehistory of Human Migration", Wiley Blackwell (2013)

ちくま新書
1227

ヒトと文明《ぶんめい》——狩猟採集民《しゅりょうさいしゅうみん》から現代《げんだい》を見《み》る

二〇一六年一二月一〇日 第一刷発行

著者 尾本恵市（おもと・けいいち）

発行者 山野浩一

発行所 株式会社 筑摩書房
東京都台東区蔵前二-五-三 郵便番号一一一-八七五五
振替〇〇一六〇-八-四一二三

装幀者 間村俊一

印刷・製本 三松堂印刷 株式会社

乱丁・落丁本の場合は、左記宛にご送付ください。
送料小社負担でお取り替えいたします。
ご注文・お問い合わせも左記へお願いいたします。
〒三三一-八五〇七 さいたま市北区櫛引町二-六〇四
筑摩書房サービスセンター 電話〇四八-六五一-〇〇五三

ISBN978-4-480-06933-7 C0245

ちくま新書

068
自然保護を問いなおす
――環境倫理とネットワーク
鬼頭秀一
「自然との共生」とは何か。欧米の環境思想の系譜をたどりつつ、世界遺産に指定された白神山地のブナ原生林を例に自然保護を鋭く問いなおす新しい環境問題入門。

879
ヒトの進化　七〇〇万年史
河合信和
画期的な化石の発見が相次ぎ、人類史はいま大幅な書き換えを迫られている。つい一万数千年前まで生きていた謎の小型人類など、最新の発掘成果と学説を解説する。

942
人間とはどういう生物か
――心・脳・意識のふしぎを解く
石川幹人
人間とは何だろうか。古くから問われてきたこの問いに、認知科学、情報科学、生命論、進化論、量子力学などを横断しながらアプローチを試みる知的冒険の書。

954
生物から生命へ
――共進化で読みとく
有田隆也
「生物」＝「生命」なのではない。共進化という考え方、人工生命というアプローチを駆使して、環境とのかかわりから文化の意味までを解き明かす、一味違う生命論。

958
ヒトは一二〇歳まで生きられる
――寿命の分子生物学
杉本正信
ストレスや放射能、病原体に打ち勝ち長生きする力は誰にでも備わっている。長寿遺伝子や寿命を支える免疫・修復・再生のメカニズムを解明。長生きの秘訣を探る。

1018
ヒトの心はどう進化したのか
――狩猟採集生活が生んだもの
鈴木光太郎
ヒトはいかにしてヒトになったのか？　道具・言語の使用、文化・社会の形成のきっかけは狩猟採集時代にあった。人間の本質を知るための進化をめぐる冒険の書。

1137
たたかう植物
――仁義なき生存戦略
稲垣栄洋
じっと動かない植物の世界。しかしそこにあるのは穏やかな癒しなどではない！　昆虫と病原菌と人間の仁義なきバトルに大接近！　多様な生存戦略に迫る。

ちくま新書

584
日本の花〈カラー新書〉
柳宗民
日本の花はいささか地味ではあるけれど、しみじみとした美しさを漂わせている。健気で可憐な花々は、知れば知るほど面白い。育成のコツも指南する味わい深い観賞記。

739
建築史的モンダイ
藤森照信
建築の歴史を眺めていると、大きな疑問がいくつもわいてくる。建築の始まりとは？　そもそも建築とは何なのか？　建築史の中に横たわる大問題を解き明かす！

795
賢い皮膚
——思考する最大の〈臓器〉
傳田光洋
外界と人体の境目——皮膚。様々な機能を担っているが、驚くべきは脳に比肩するその精妙で自律的なメカニズムである。薄皮の秘められた世界をとくとご堪能あれ。

898
世界を変えた発明と特許
石井正
歴史的大発明の裏には、特許をめぐる激しい攻防があった。蒸気機関から半導体まで、発明家たちの苦闘の足跡をたどり、世界を制する特許を取るための戦略を学ぶ。

950
ざっくりわかる宇宙論
竹内薫
宇宙はどうはじまったのか？　宇宙は将来どうなるのか？　宇宙に果てはあるのか？　過去、今、未来を縦横無尽に行き来し、現代宇宙論をわかりやすく説き尽くす。

966
数学入門
小島寛之
ピタゴラスの定理や連立方程式といった基礎の基礎を出発点に、美しく深遠な現代数学の入り口まで到達する道筋がある！　本物を知りたい人のための最強入門書。

968
植物からの警告
湯浅浩史
いま、世界各地で生態系に大変化が生じている。植物と人間のいとなみの関わりを解説しながら、環境変動の実態を現場から報告する。ふしぎな植物のカラー写真満載。

970
遺伝子の不都合な真実
——すべての能力は遺伝である
安藤寿康
勉強ができるのは生まれつきなのか？　IQ・人格・お金を稼ぐ力まで、「能力」の正体を徹底分析。行動遺伝学の最前線から、遺伝の隠された真実を明かす。

986
科学の限界
池内了
原発事故、地震予知の失敗は科学の限界を露呈した。科学に何が可能で、何をすべきなのか。科学者の倫理を問い直し「人間を大切にする科学」への回帰を提唱する。

1003
京大人気講義　生き抜くための地震学
鎌田浩毅
大災害は待ってくれない。地震と火山噴火のメカニズムを学び、災害予測と減災のスキルを吸収すべき時は、まさに今だ。知的興奮に満ちた地球科学の教室が始まる！

1095
日本の樹木〈カラー新書〉
舘野正樹
暮らしの傍らでしずかに佇み、文化を支えてきた日本の樹木。生物学から生態学までをふまえ、ヒノキ、ブナ、ケヤキなど代表的な26種について楽しく学ぶ。

1112
駅をデザインする〈カラー新書〉
赤瀬達三
「出口は黄色、入口は緑」。シンプルかつ斬新なスタイルで日本の駅の案内を世界レベルに引き上げた第一人者が、豊富なカラー図版とともにデザイン思想の真髄を伝える。

1133
理系社員のトリセツ
中田亨
文系と理系の間にある深い溝。これを解消しなければ、両者が一緒に働く職場はうまくまわらない。理系の意外な特徴や人材活用法を解説した文系も納得できる一冊。

1156
中学生からの数学「超」入門
——起源をたどれば思考がわかる
永野裕之
算数だけで十分じゃない？　数学嫌いから聞こえてくるそんな疑問に答えるために、中学レベルから「数学的な思考」に刺激を与える読み物と問題を合わせた一冊。

ちくま新書

1157 身近な鳥の生活図鑑　三上修
愛らしいスズメ、情熱的な求愛をするハト、人間をも利用する賢いカラス……。町で見かける鳥たちの生活には、発見がたくさん。カラー口絵など図版を多数収録！

1181 日本建築入門 ——近代と伝統　五十嵐太郎
「日本的デザイン」とは何か。五輪競技場・国会議事堂・皇居など国家プロジェクトにおいて繰返されてきた問いを通し、ナショナリズムとモダニズムの相克を読む。

1186 やりなおし高校化学　齋藤勝裕
興味はあるけど、化学は苦手。そんな人は注目！　原子の構造、周期表、溶解度、酸化・還元など必須項目をやさしく総復習し、背景まで理解できる「再」入門書。

1203 宇宙からみた生命史　小林憲正
生命誕生の謎を解き明かす鍵は「宇宙」にある。惑星探索や宇宙観測によって判明した新事実と従来の化学進化的プロセスをあわせ論じて描く最先端の生命史。

1214 ひらかれる建築 ——「民主化」の作法　松村秀一
建築が転換している！　居住のための「箱」から生きるための「場」へ。「箱」は今、人と人をつなぐコミュニティとなる。あるべき建築の姿を描き出す。

1217 図説 科学史入門　橋本毅彦
天体、地質から生物、粒子へ。新たな発見、分類、一般に認知されるまで様々な人間模様を経て、科学は発展したのである。それらを美しい図像を元に一望する。

434 意識とはなにか ——〈私〉を生成する脳　茂木健一郎
物質である脳が意識を生みだすのはなぜか？　すべてを感じる存在としての〈私〉とは何ものか？　人類に残された究極の問いに、既存の科学を超えて新境地を展開！

ちくま新書

997
これから世界はどうなるか
——米国衰退と日本

孫崎享

経済・軍事・文化発信で他国を圧倒した米国の凋落が著しい。この歴史的な大転換のなか、世界は新秩序を模索し始めた。日本の平和と繁栄のために進むべき道とは。

1013
世界を動かす海賊

竹田いさみ

海賊の出没ポイントは重要な航路に集中する。資源を海外に頼る日本の死活問題。海自や海保の活躍、国際連携、資源や援助……。国際犯罪の真相を多角的にえぐる。

1086
汚染水との闘い
——福島第一原発・危機の深層

空本誠喜

抜本的対策が先送りされ、深刻化してしまった福島第一原発の汚染水問題。事故当初からの経緯と対応策・進捗状況について整理し、今後の課題に向けて提言する。

1111
平和のための戦争論
——集団的自衛権は何をもたらすのか?

植木千可子

「戦争をするか、否か」を決めるのは、私たちの責任になる。集団的自衛権の容認によって、日本と世界はどう変わるのか? 現実的な視点から徹底的に考えぬく。

606
持続可能な福祉社会
——「もうひとつの日本」の構想

広井良典

誰もが共通のスタートラインに立つにはどんな制度が必要か。個人の生活保障や分配の公正が実現され環境制約とも両立する、持続可能な福祉社会を具体的に構想する。

659
現代の貧困
——ワーキングプア/ホームレス/生活保護

岩田正美

貧困は人々の人格も、家族も、希望も、やすやすと打ち砕く。この国で今、そうした貧困に苦しむのは「不利な人々」ばかりだ。なぜ? 処方箋は? をトータルに描く。

757
サブリミナル・インパクト
——情動と潜在認知の現代

下條信輔

巷にあふれる過剰な刺激は、私たちの情動を揺さぶり潜在脳に働きかけて、選択や意思決定にまで影を落とす。心の潜在性という沃野から浮かび上がる新たな人間観とは。